プリンス自動車の光芒

1945-1969

プリンス自動車の技術を集結して開発したプリンス R380

オオタ号を改良して製作した最初の
電気自動車。この試作車は1946年
に完成

1948年3月に実施された商工省第1
回電気自動車性能試験。中央左の
メガネをかけた人物が田中次郎で隣
の帽子をかぶっているのが外山保

タクシーによる使用を意識して開発された「たまセニア」

ガソリンエンジンを搭載したトラック（AFTF-I/1952年）

プリンスセダン（AISH-I/1952年）

1956年の全日本自動車ショウでデビューした大型車
（BNSJ/試作車）

プリンス自動車が「国民車」として開発した小型乗用車
（DPSK）。だが、残念ながら市販はされていない

プリンスセダンをベースにして誕生した初代スカイラインは、1956年4月に試作車が完成

プリンス自動車で最初の6気筒エンジンを搭載したグロリア・スーパー6（S41D/1963年）

2代目スカイラインの原点となる試作車。1961年6月頃に完成し、リアテールランプには丸形が採用されていた

先代よりも大幅に小型化され、1963年に誕生した2代目スカイライン1500デラックス（S50D）

スカイラインスポーツは、1962年4月に発売された（右）。全体のデザインはイタリアのカーデザイナー、ジョヴァンニ・ミケロッティが担当し、クーペの他にコンバーチブルもあった

1台のみ製作されたスカイライン1900スプリント。フランコ・スカリオーネ（イタリア）の協力を得て、プリンス自動車が製作したモデル

スカイライン1900スプリントは、1963年10月に開催の全日本自動車ショーに展示された

プリンス自動車が企画から設計などのすべてを担当して開発し、宮内庁に納入されたニッサン・プリンス・ロイヤル

プリンス・スカイライン2000BT-B（S54B）。この写真のモデルは、プリンス自動車が日産自動車と合併した後の後期型

プリンスR380と開発者の一人、田中次郎

■口絵のモノクロ写真の解説は、中川良一先生が写真に書き残されたメモにより、編集部で作成しています。

プリンス自動車の光芒

1945-1969

桂木洋二

グランプリ出版

【本書について】
本書は2003年10月22日初版を発行した『プリンス
自動車の光芒』をベースとしています。2021年にプ
リンス自動車工業と社名を改称合併して60周年を
迎えるにあたり、写真・内容面等の充実をはかり、
『プリンス自動車の光芒　1945-1969』と改題し、
増補二訂版として刊行致しました。基本的な内容
に関しては、同一ですのでご注意ください。尚、今
回増補改訂した部分などに関しては、巻末にその
詳細を記載いたしました。───────編集部

目次

▶会社の沿革◀

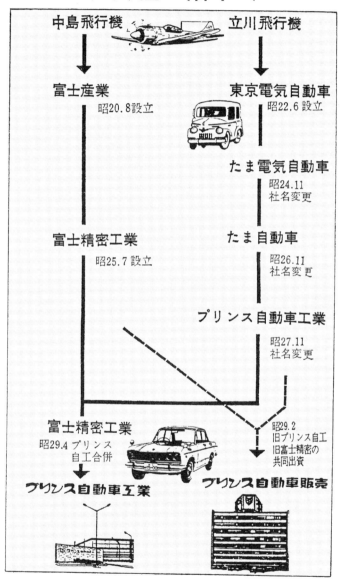

出典：『プリンスのあゆみ』昭和四十年三月一日初版発行／
プリンス自動車販売株式会社より

プロローグ・財産は「技術力」

　1960年代にレースで活躍したスカイラインGT-RやR380など、高性能で知られたプリンス車について知る人は次第に少なくなってきている。まして、それ以前のアメリカ車を想わせるスカイラインやフラットデッキスタイルといわれたグロリアについてはなおさらであろう。かつてのプリンス自動車の生産拠点であった村山工場も閉鎖されて2002年に取り壊された。

　青梅街道沿いにある、かつてのプリンス自動車の荻窪の本社は、ごく普通の日産の販売店の装いになり、昔のことを知らない人には何の感慨もないもので、目の前にある「日産自動車前」というバス停の名前が、プリンス自動車が日産と合併したことを思い起こさせるよすがになっているに過ぎない。敷地の一部には、マンションや公園があり、プリンス自動車をしのぶものは無くなってきている。

　日本の自動車メーカーは、1960年ころから毎年のように生産台数を伸ばし、成長を遂げた。日本の高度成長の波に乗って所得が上昇し、個人でクルマを所有することができる時代に入ったからである。

　ところが、そんな成長している時代の最中に、トヨタ、日産に次ぐ第3のメーカーとして知られたプリンス自動車が、日産に吸収合併されて姿を消している。日本経

かつての富士精密の荻窪本社（左）とその後に立てられた日産ディーラー

済の成長に乗り遅れて1950年代に設備投資や技術革新が図れずに消えたメーカーはいくつかあるが、1960年代になってから姿を消した有力メーカーはプリンス自動車だけである。それはどうしてだろうか。

プリンス自動車が技術的に遅れを取っていたのなら仕方がないとしても、トヨタや日産をリードしているところさえあったのである。クルマの販売台数が大きく伸びていく時期に、その恩恵を充分に享受することができなかったのだろうか。

プリンス自動車の歴史を丹念に振り返ってみると、戦後の社会的・政治的な背景のなかで苦闘する姿の連続であることが判る。

前身は飛行機メーカーであることが、プリンス自動車の大きな特徴である。それも、中島飛行機と立川飛行機というふたつの飛行機メーカーの流れを汲んでいるという豪勢さだ。日本の誇る飛行機の開発にたずさわった優秀なエンジニアがいて、自動車の開発に取り組んだから、トヨタや日産に勝るとも劣らないクルマを世に出したのは当然のことと思われたのだ。しかし、飛行機メーカーから転身したがゆえの後発メーカーとしての苦労がつきまとった。軍部の期待に応える兵器としての飛行機と、民間のユーザーの要望に応えなくてはならない自動車では、その対応に違いがあり、そのなかで試行錯誤を続けなくてはならなかった。

プリンス自動車の成立過程からの活動をたどっていくと見えてくる特徴がある。それを上げると、次のように集約できると思われる。

1.実直であること。

2.無理をすること、あるいはせざるをえないこと。

3.技術的追求に命を賭けていること。

これら三つのことは、関連して一体のものでもある。実直だから、無理をしなくてはならないし、技術追求に命を賭けるのは、無理をするからである。これらがプラスに作用すれば、技術的に優れたユニークなクルマになるし、レースで華々しい活躍をすることができる。マイナスに作用すると、企業としての利益を軽視して経営がうまくいかなくなりかねないし、技術的に進みすぎて実用性に欠けたものになる可能性を否定できない。両刃の剣なのである。

これらの特徴は、プリンス自動車に限らず純粋な技術者なら多かれ少なかれ持っているものである。しかし、各個人としてでなくプリンス自動車が企業全体の傾向として持っているのが特徴である。

富士精密の代表になり、後にプリンス自動車販売社長になった新山春雄は『プリンスのあゆみ』という冊子のなかでこんなふうに述べている。「自動車へのあゆみを

はじめるに当って唯一の頼りは〝技術力〟であった。マンモス軍需企業は占領軍によって解体され細分化され、仕事面でも、資金的にも転換への苦しみをいやというほど味わわされていた。温存されたただ一つのもの、それは優秀な技術者たちと、技術を大切に扱うという社風だった」。

　乱暴な言い方をすれば、技術力しかプリンス自動車には財産がなかったのだ。しかし、自動車メーカーとして一人前になるには、クルマの開発、生産、販売と三つの部門がバランスしてうまく活動していかなくてはならないが、そのハンディを技術力でカバーしようとせざるを得なかったのである。その努力が、逆にトヨタや日産にない魅力的なクルマをつくる原動力となった。

　戦前から戦中にかけては、欧米の進んだ航空技術に追いつこうと努力し、戦後はトヨタや日産というしっかりした体制の大きなメーカーに対抗するために努力しなくてはならなかった。追いつかなくてはならないライバルとの差を埋めようとすれば、無理をして、命をかけて自分たちの財産である技術を最大限に発揮するしか方法がなかった。そのための悪戦苦闘が、とりもなおさずプリンス自動車の歴史であるということができる。既存の自動車メーカーの技術者たちには負けないだけの技術力があると自負しながらも、同時にメーカーとしてのトータルのポテンシャルとしては太刀打ちできないという悲劇があった。

　先の『プリンスのあゆみ』という冊子のなかで、新山は、さらに続けて以下のようにプリンスの姿を紹介している。

　「時が経つにつれて〝プリンスは国産自動車界のパイオニアである〟ということは一つの定説となった。だが一方、〝プリンスは業界の実験工場である〟というササヤキも聞かれた。プリンスの技術開発力プラス生産力プラス販売力、そして完全なサービス、自動車産業のむずかしさがここにある。いかによい車を世に送っても、それを受け入れてもらう態勢がなければ社会に貢献したとはいえない」。

　技術力だけでは済まないことの自覚を吐露したものだろう。

　プリンスでは車両開発をする技術者に対して、技術管理部が中心になって、コス

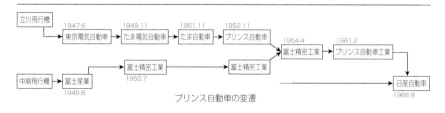

プリンス自動車の変遷

7

ト意識を植え付けようと努力したが、なかなか受け入れてもらえなかったという。良いものにするのに費用をかけるのは技術者にとっては当然のことであり、技術的に優れたものにすることが何よりも重要だったのだ。トヨタの原価管理についてのセミナーに出席したプリンスの技術管理部の人たちは、その進んだ状況に驚いたという。あまりにも企業の風土が違っていたのだ。

　1960年代になって、彼らは本格的な原価削減に取り組むように積極的に開発部門の技術者に働きかけたが、技術トップも含めてあまり耳を貸そうとしなかったようだ。

　しかし、それこそがプリンス自動車の特徴であり、魅力の源泉でもあった。他のビッグメーカーが、しっかりとした管理システムをつくり、厳しい原価削減に取り組んでいたために、企業収益には大きな差がつかざるをえなかったが、それに気づき始めたところで、日産と合併したといえる。ついには、傍流のまま終わった。後発メーカーの悲劇なのかもしれない。

　後に詳しく述べるようにプリンス自動車は、「たま」系と富士精密系という流れがあり、資本は石橋正二郎のブリヂストンに仰いだ結果、首脳陣にその系列の人たちが座るなど、組織的に複雑なところもあった。

　プリンス自動車の古いエンジニアの言葉にこんなものがある。

　「私は一度も自分の意志で会社を辞めたりしなかったのに、会社名が次から次へとめまぐるしく変わり、最後は思いもかけず日産の社員になっていた」。

　立川飛行機の次は、東京電気自動車、その次はたま電気自動車となり、ついで電気がとれて、たま自動車となり、さらにプリンス自動車、富士精密となり、またプリンス自動車にかわり、そして日産に吸収されたのだ。つまり、だぶった社名も入れれば八つになる。もちろん、大企業に入れば、出向や子会社への転籍などで、本人の意思とは関係なく所属する会社名が変わることはあり得るが、この場合は、働く職場そのものに変化がなく、社名だけが頭の上で変わっていったのだ。

　この場合の社名の変更は、企業内容の変更によるものが多いが、それは時代の流れに翻弄されたことを反映したものでもある。

第1章 立川飛行機からの独立・自動車に賭ける「たま」

■飛行機メーカーからの転身

プリンス自動車の前身は、立川飛行機と中島飛行機である。正確に言えば、立川飛行機の一部の人たちが戦後興した自動車メーカーが、その後中島飛行機のエンジン部門に吸収されてひとつの会社になったものだ。したがって、プリンス自動車の起源は立川飛行機にある。しかし、厳密には立川飛行機ではなく、そこを飛び出した人たちが起源である。

終戦までの飛行機メーカーや自動車メーカーは、戦時体制のなかに組み込まれ、軍用製品を大量につくることで成り立っていた。軍需関連の企業は、敗戦と同時に多くの従業員をかかえたまま、再出発せざるを得ない状況に追い込まれたのだ。

自動車メーカーと比較した場合、戦後は飛行機の生産が全面的に禁止されたことで、飛行機メーカーのほうが将来への展望という点でみれば深刻だった。

自動車メーカーのほうは、軍用から民需に切り替えることで、それまでの商品であるトラックを引き続き生産する企業活動が可能だった。もちろん、占領軍の許可がとれるのか、会社資産が賠償として接収されてしまわないか、経営者が公職追放されないかなどといった不安があり、戦争中と同じように活動を継続できると思うほど安易ではなかったが、その心配は数か月から半年ほどの間にある程度が解消された。

飛行機メーカーは、1945年8月の敗戦によって、なにをつくるか、どのように企業

としてやっていくかを検討することから始めなくてはならなかった。

　飛行機の技術を生かしてつくれるものは何か。そこで多くのメーカーが自動車を思い浮かべた。しかし、実際に自動車をつくり、販売までこぎつけたかつての飛行機メーカーはそう多くない。立川飛行機は、その点でユニークな発想で四輪自動車部門に進出したのである。

■電気自動車ならできる!

　自動車をつくるにはまずエンジンを手当てしなくてはならない。これが最大の問題である。

　ところが、立川飛行機は飛行機の機体専用のメーカーだったから、独自にエンジンをつくることはもともと無理な相談だった。エンジン開発の経験がなく、そのための技術者もいなかった。

　そこで、考えたのが電気自動車であった。二輪やオート三輪でなく、あくまでも自動車をつくる道を選んだことが、のちの発展につながることになった。もちろん、そんな先のことを見通してではなく、これ以外に選択の方法がないからだった。エンジンまで自前で調達しなくてはならないなら、自動車メーカーになることはあきらめざるを得なかったが、電気自動車にすることで解決の方向が見いだされたのだ。

　立川飛行機は、傘下に小型自動車の分野でオオタ号をつくった実績を持つ高速機関工業をもっていたことが自動車製造を決心する大きな原因になっている。民間用の自動車を生産販売することができる時代なら、オオタが立川飛行機の傘下にはいることはなかったろうが、戦時体制になり、自動車はトヨタや日産にまかせて、その他大勢の自動車メーカーは軍用のものをつくるように指令され、オオタは立川飛行機を助ける企業として生きるしかなかった。強制されたものであっても、オオタと立川飛行機のあいだには太平洋戦争中に強い関係を持つようになり、人間関係もそれなりにつくられていた。

　戦時中から戦後にかけて、すべてのエネルギーが決定的に不足していた。輸入に頼る石油は、もっとも不足しているもののひとつだった。もちろん統制品で、民間ではほとんど手に入らなかった。

　したがって、この時代に手に入る自動車用のエネルギーとしては、木炭や薪、それに電気しかなかったといっていい。ガソリンは統制品で、民間ではなかなか手に入りづらいものだったのだ。

　民間のクルマの多くは、ガソリンの代わりに炭や薪を使用するしかなかった。薪や木炭を燃やす釜をサイドやリアに取り付け、これらを燃やして発生したガスを燃焼させてエンジンを回していた。発生する熱エネルギーはガソリンよりはるかに小さいから、パワーが出ずに気息奄々で苦しそうに走った。戦時中から使用されていた代替燃料車は、ガソリン車に転用することを禁じられていた。

　木炭バスなどは坂道に来ると登り切ることができずに、乗っていたお客が降りて坂の上まで後ろから押す光景が見られた。燃料となる炭や薪を途中で補給しながらの走行では、走る距離は制限されざるを得なかった。

後部にお釜を積んだ代替燃料バス

　重いバッテリーを積んで走行距離を長くすることができない電気自動車のモーターも、ガソリンがおいそれと入手できないこの時代にあっては、有力な動力だった。電力も充分に供給されているとは言えなかったものの、電気を使用するような機械を動かすところが多くないこともあって、使用量が限られていたから、ガソリンよりはるかに供給はましであった。

　電気自動車にすれば、バッテリーを大量に積まなくてはならないが、ガソリンエンジンという難物を搭載しないですむので、生産するのに楽であり、メンテナンスに関しても問題が少ない。それに、木炭車では煙をはきながらの走行で煤煙をまき散らし、クルマもドライバーも汚れたが、電気自動車はきれいだった。

　一方で、軽量化できない鉛バッテリーを積んでクルマを走らせるには、床面にひろくバッテリーを敷き詰めなくてはならず、そのために数百キロ以上の重量増となる。それでも、走行できる距離はせいぜい50kmから100kmといったところで、最高速度も抑えられる。これは大きなハンディキャップで、この当時の電気自動車の持っていた欠点は、近年のモデルは解決されてきている。バッテリーは小型化されて高性能になり、モーターの性能も向上して、性能的にみれば電気自動車の走行距離は大きくのびている。

バッテリー
駆動用モーター
フロアにバッテリーを敷き詰めた電気自動車の例

しかし、ガソリンの供給がままならない当時にあっては、重量増も何のその、たとえ走行距離が短くても荷物を積んで走ることができるクルマの存在は、非常に魅力的であり、一定の需要が見込まれたのである。

■立川飛行機の戦後

　だからといって立川飛行機がすんなりと自動車メーカーへの道を歩むことができたわけではない。それほど世の中は甘くなかった。

　いったんは会社を挙げて自動車をつくることになったものの、突然それが不可能になる事態が生じたのである。そのいきさつに触れる前に、立川飛行機の終戦時からの動向を振り返ってみよう。

　敗戦と同時に、まずは残務整理が始まった。陸軍からは、アメリカ軍が進駐してくる前に図面や資料などを焼却するように指令された。しかし、立川飛行機では大切な資料や図面を燃やそうとしなかった。

　敗戦から半月ほど後の1945年9月はじめにアメリカ軍が進駐してきた。すぐに立川飛行機は日本を統治することになった占領軍から呼び出され、立川飛行機でつくっていた最新鋭機のキ-77（A26長距離連絡機）、キ-74（高々度遠距離爆撃機）、キ-106（木製戦闘機）、キ-96（重戦闘機）の計10機をアメリカ空軍に引き渡すよう指令を受けた。有無をいわさぬ命令だった。

　この仕事は立川飛行機の試作工場長をしていた外山保が中心になって行われた。外山は、疎開先の甲府に行き、さっそく機体にあった日の丸を消し、アメリカ軍のマークである星を機体に描くように指示した。長い間放置していたために飛行機の修理や整備が大変だった。飛べる状態にする作業のために技術者や熟練工などが集められた。

　苦労してつくった飛行機をアメリカ軍に引き渡すのは、外山にとっては「大事に育てた我が子を捕虜として差し出すようで涙の出る思いだった」という。彼らにとっては最後の

立川飛行機におけるA26試作機の製作現場

飛行機との接触になった。

　占領軍は、飛行機メーカー各社に対して、飛行機をつくるのはおろか、さわっても いけないという厳しい通達を出した。アメリカ軍の飛行機の修理の仕事をしようと考えたが、とんでもない話だった。持っていた飛行機用の機材と機械設備をどのように利用して転業するかが、大きな課題となった。

　　親会社である石川島造船の名前を冠した石川島飛行機が、陸軍の意向を反映して立川飛行機に名前を変えたのは1936年（昭和11年）のことである。もともと石川島造船が飛行機分野に参入したのは1924年（大正13年）11月、すでに三菱や中島、さらには川崎や川西などがヨーロッパの有力飛行機メーカーと提携するなどして飛行機の生産を始めていた。石川島が飛行機部門に進出したのは、1923年に関東大震災後の不況を乗り切る手段のひとつで、飛行機は軍用としての重要度を増しており、まだまだ伸びていく分野であると思われた。石川島飛行機は陸軍の後押しを得ることで食い込むことに成功した。

　　昭和時代になり、満州事変や日華事変などにより戦時体制が強化されるにつれて発展してきた。中島や三菱は海軍と陸軍の両方から飛行機の開発や製造を委託されていたが、立川飛行機は陸軍専用の飛行機メーカーとして陸軍との関係が強かった。石川島飛行機はそのグループの本拠地である東京の月島に工場を持っていたが、増産体制をはかるために大きな工場を建設できる都下の立川地区に移転したのだ。陸軍の飛行場の東側に隣接して工場を建て活動していた。

　立川飛行機はその名の通り、都下の立川にあることが社名の由来であるが、この頃の立川は東京の郊外というより、野原や畑があるだけの田舎であった。立川には陸軍の立川飛行場を中心にしてエンジンをつくる日立航空機、機体をつくる昭和飛行機などの陸軍用の飛行機工場が集結していた。

　そのために、空襲は重点的に行われ、日立航空機は1945年4月の空襲により壊滅的な被害を受けている。しかし、立川飛行機は空襲による被害はなく、工場と設備の多くが焼け残った。

　幸運だったという思いがあったが、敗戦から2週間ほどたってからやってきた進駐軍の話で空襲に合わなかった理由が判明した。彼らは日本に進駐するための計画のなかで、立川に米軍を駐屯させ、この工場を使用することにしていたので、空襲の目標から除外していたのだった。他の軍需工場があちこちで空襲による被害が相次いでいたのに、立川飛行機が戦災を免れたのは幸運でも偶然でもなかったのだ。

　立川飛行機の工場施設の80％が接収された。

■飛行機の技術を生かすには

　軍需工場では、敗戦時まで多くの動員された学徒などが働いていた。立川飛行機でも、4万人以上いたという。動員された人たちは終戦と同時に親元などに帰り、もとからの従業員だけが残った。

　戦争中は、軍部の言うことを聞かなくてはならず、決められたことをやるために汲々とし、しかも空襲におびえ、食糧事情も良くなかった。"ほしがりません勝つまでは"、といってはみても本当にこんな状態で勝てるのかと疑問を持たざるを得ない状況だったが、そんな本音を吐けばたちまち非国民と呼ばれ、悪くすれば特高や憲兵に引っ張っていかれかねなかった。

　重苦しい閉塞状況に置かれていたから、多くの人たちにとって、敗戦は良いニュースではなかったものの、新しい状況が開けるチャンスであるという認識がいっぽうにあった。

　敗戦後しばらくは、将来の見通しが付けられない状況が続いた。不安を感じた人たちは、故郷に帰って農業をやることにしたり、なかには闇屋になる道を選んだりして去っていった。

　配給制度により食料などの生活物資が供給されていたが、配給は滞りがちで、正規のルートに乗らない物資を闇のルートで手に入れて販売して、下手な会社勤めで安い給料にしがみついているよりはるかに儲ける人もいた。やめないまでも、いっそおでん屋にでもなるかと冗談半分に言う人もいた。

　新しく仕事を見つけなくてはならない立川飛行機では、幹部による「転換事業調査部」がつくられ協議を始めた。

　アメリカ軍への飛行機の引き渡しを済ませた試作工場長の外山保は、調査部のメンバーの一人として会議に加わっていた。そこで、外山は自動車分野に進出する案を持ち出したのである。飛行機用の機材を利用し、機械設備を生かせるのは自動車しかないと思ったからだ。海外の事情をみても、自動車の将来は明るいもので、飛行機の技術を応用できるものと思われた。しかし、リスクが大きく、すぐには賛成されなかった。

　米軍と交渉して飛行機の修理などの仕事をもらうことが検討された。この案は占領軍に拒否されたが、代わりにアメリカ軍の機材などの修理や製作をする仕事が与えられた。ロッカーやテーブル、椅子などの家具、ときにはジュラルミン製の棺桶までつくらされた。

　敗戦と同時に、残った立川飛行機の従業員はいったん全員が解雇された後、立川の工場にいた人たちを中心に1500人ほどを再雇用するかたちがとられていた。

　独自にクルマをつくる事業を新しく始めようという主張を外山保は捨てなかった。取締役ではなかったものの、一家言を持っていて主張の強いところのある外山は、米軍から与えられる仕事だけをすることに我慢ならなかったのだ。企業として、将来に希望を持てることをしていきたいと思い、自動車をつくることを強く主張したのである。

　練習機などの製作が多かった立川飛行機は、終戦間際には中島飛行機で設計した陸軍用の戦闘機である「隼」などをつくっていた。飛行機メーカーとしては、新機種の開発より陸軍の意向で三菱や中島飛行機で開発した機体を製作することが中心だった。

　1937年に陸軍から全金属製の偵察機をつくるよう命令が下った。立川飛行機の命運がかかった開発に、自ら参加を申し込んだのが外山だった。28歳だった技術者の外山は、その熱意をかわれて開発プロジェクトの実務担当者に指名された。また、立川飛行機が独自に設計した長距離連絡機が1944年に満州で三角飛行により16435kmという無着陸長距離飛行の世界記録を樹立。これをベースにした長距離爆撃機キ-74の試作は試作工場長である外山を中心につくられた。むずかしいことに率先して取り組み、果敢に行動する姿勢を示す外山は、積極的に自分の考えを主張する強さがあった。

　例によって、外山は自分の主張に耳を傾けないのは論外であるといわんばかりに自動車の生産を新しい事業として始めるべきだと訴えた。立川飛行機の前身は石川島飛行機で、同じ石川島造船所から分かれた石川島自動車が、その後いすゞ自動車になっている。外山は、事前にいすゞ自動車にいる知り合いに自動車のことについていろいろと訊くなどして調査していた。

　外山がトップにいる試作工場というのは、板金工、機械工、溶接工などの優秀な技能を持った職人連中を抱えていて、どのような形のものでも器用につくり上げることはお手のものだった。クルマのボディを鋼板などを使ってつくり上げることはそうむずかしいことではないと思えたのだ。

　新しい時代になったからには、会社も新しいことをやらなくてはならないという外山の主張は、敗戦後のことゆえ説得力があったのである。外山のねばり強く執拗なアピールにより、自動車の生産が有力な柱のひとつになり、試作することが認められたのだった。

この時代、多くの飛行機メーカーがオート三輪や二輪車製造などへの転身を図っている。

　中島飛行機のひとつである富士産業の三鷹工場がスクーターをつくり始め、同じく伊勢崎工場がバスをつくるようになっていた。中島飛行機と勢力を二分していた飛行機メーカーの三菱も、それぞれの工場単位で新しい商品の開発をめざし、スクーターやオート三輪車をつくることになった。川崎重工はオートバイをひとつの柱に据えようとしていた。三菱と同じようにオート三輪車をつくり始めたメーカーには、川西飛行機、愛知飛行機を前身とする企業がある。川西系の新明和工業はポインターという商品名で二輪車部門に進出した。

　戦後すぐの段階では二輪やオート三輪という比較的規模の小さいものが多くなっているのは、搭載するエンジンがシンプルですむことが大きな理由であった。

　飛行機用のエンジンは、高性能にするために複雑でパワーのあるものになっており、それらを自動車用に流用することはムリだった。この時代にあっては、独自に小型で性能の良いエンジンをつくるだけのポテンシャルがあったトヨタや日産にしても、資材不足や設備の老朽化などで苦労していたのだ。

■電気自動車の試作・研究のスタート

　さっそく電気自動車を試作する作業が始められた。

　同時に、新生の立川飛行機は、アメリカ占領軍に対して、1946年3月に自動車産業への転換を申請した。その結果、年間に電気自動車500台、ガソリン自動車500台の計1000台を生産する許可を得ることができた。むろん、生産可能な台数というより希望的な台数として申請したものが認められたのだ。まずはオオタ号の車体を流用して電気自動車をつくることにした。ガソリン自動車のほうはオオタ自動車の分で、エンジンはオオタのほうでつくり、下請けとしてボディ製造を立川飛行機が受け持つことになったのだ。

　オオタは、大正年間から活動を始めた企業である。初めのうちは自動車の修理などを手がけていたが、昭和の初めころから当時の小型車をつくり始めた。トヨタや日産に比較すると高速機関工業は太田祐雄氏による個人企業に近い規模の自動車メーカーであったから、設備を整えて生産する大メーカーと競争するのは苦しい存在だったが、エンジンを自前でつくり上げる技術を持っていた。

　もともと民間を相手にした自動車メーカーであったから、敗戦を機会に独自の自動車メーカーとして活動を再開した。戦前からの750ccエンジンを搭載した小型トラックの生産である。オオタ車は当時のダットサンと同じ大きさで、戦前の小型車規格の全長3メートルちょっとの軽自動車並みのサイズだった。

　オオタは、戦後しばらくは健闘して存在感を示した。乗用車を生産する四輪メー

カーは、プリンス自動車が加わるまではトヨタ、日産に次ぐのがオオタで、この3社しかなかったのである。

戦前のオオタ配送車

戦後のオオタ号トラック

　アメリカ軍に引き渡す飛行機の整備に関わった技術者たちが自動車の勉強を始めた。とりあえず走ることのできるクルマをつくり上げることで、技術の習得と、あるべきクルマの方向を見つけることになったのである。具体的な準備が始まったのは、終戦の翌1946年2月のことだった。

　クルマをつくるにあたって主として、2人の技術者が中心となった。山内正一は海外の自動車の資料を集めて研究し、田中次郎は高速機関工業に足を運び、オオタ号について調査した。

　暖房がなく、破れたままのガラス窓から寒風が吹き込む粗末な高速機関工業の工場のなかで、オオタ号の図面をみながら、田中次郎はどうすれば電気自動車にすることができるか検討を始めた。東京工業大学を卒業して1939年に立川飛行機に入社した田中は、しばらくは陸軍の航空技術研究所に短期現役の技術将校として出向しており、その後長距離爆撃機の設計に関与、終戦後は外山とともにアメリカ軍に引き渡す飛行機の整備をした。その関係もあって、外山が代表となる自動車事業に関わることになった。

　最初はトラックをつくることにした。トラックの荷台は、鉄骨の骨組みにしてジュラルミンのパネルを使ってつくられた。オオタ号は梯子型フレームを持つ構成のクルマだった。欧米では軽くて強いモノコックボディの乗用車が登場していたが、日本では重くなるが頑丈なフレーム付きが主流だった。このフレームのすき間にバッテリーをぎっしりと搭載して、ガソリン車のエンジンルームにあたるところにモーターなどの電動駆動装置を搭載した試作車が企画された。

　動力源であるバッテリーが湯浅電池に、モーターなどのほうは日立製作所に依頼された。湯浅電池は、戦時中に潜水艦用のバッテリーを製造しており、戦後は民間の需要開拓を迫られているときだったので、電気自動車は格好のものと考え、熱心

に取り組んでくれた。

オオタ号を改良した試作1号の電気自動車が完成したのは、1946年11月のことだった。ほぼ10か月かかり、500kgの荷物を積載できるトラックを製作。そのあとから乗用車がつくられた。この試作車をベースにして、タクシーとして使用できる乗用車タイプと、荷物の輸送のためのトラックを新しく開発することになった。いよいよ商品としての自動車の開発が本格的に始まったのである。

■突然に自動車事業の危機が到来

試作車の完成後、1か月もたたないうちに、大問題が生じた。

立川飛行機の試作工場がアメリカ軍に接収され、立川飛行機のすべての工場がアメリカ軍によって管理されることになった。この工場をアメリカ極東空軍の兵器廠として、自動車修理工場にするという決定をつきつけられた。これにより、接収された工場では、アメリカ軍の仕事以外の事業をすることが不可能になったのだ。立川飛行機は、アメリカ軍に従属する道しか許されないことになった。

ここで、自動車の生産を諦めるように外山は説得された。せっかくメドをつけようとしていた電気自動車の開発とその生産販売の道は放棄するしかないといわれた。

しかし、自動車部門のリーダーとして活動していた外山は、諦める気はなかった。戦後の新しい時代のなかで生きていくために、親方日の丸で自主性のない仕事を押しつけられて嫌々働くことにうんざりしていた。困難であっても、独自に道を切り開いていくことが未来に続く道であり、それこそが希望を持てることだった。

しかし、立川飛行機にある機械設備を利用してクルマづくりをする計画は、この時点で挫折したのである。

こんなことであきらめない外山は、独立を決意した。自動車メーカーとしての道を進むためには、立川飛行機から離れる以外に選択はなかった。

そこで、話し合いは接収される工場のなかにある資

最初に試作された電気自動車のトラックEOT-46B

18

材と機械設備の一部を借り受ける交渉になり、かろうじてそれが認められた。

　自動車メーカーとして突き進むことになれば、何の保証もなく、仕事場から何から自分たちで調達しなくてはならず、厳しい状況を覚悟しなくてはならなかった。しかし、素早く判断し、すぐに行動を開始した。

　このとき、外山とともに立川をはなれて、もっとも困難な道を歩むことになったのは200名だった。アメリカ軍のいいなりになる仕事をすることを潔しとしなかった人たちである。外山と行動をともにしたのは、アメリカ軍に引き渡す飛行機を整備し、それ以降、電気自動車に関わっていた人たちが中心だった。試作車を自分たちの手でつくり上げたところだけに、この仕事に愛着を持つようになっていた。

　1946年春に、外山の義父にあたる鈴木里一郎が、知人の発明した自動操糸機を紹介し、これも転換事業調査部で商品化を検討していた。独立するに当たって、この事業も外山たちが引き継いだ。

　それにしても、大した資本もなくバックもない状態で、自動車メーカーになろうとするのは蛮勇と言える行為である。あえてその道を選んだのは外山の強い個性によるだろう。外山は、行動をともにした人たちの将来に責任を持たざるをえない立場になった。大きな組織のなかでリーダーとして行動するのと、小さい組織であっても自分が責任を持たなくてはならないのとでは、大きな違いがあった。

　徒手空拳に近い形で立川飛行機から飛び出した人たちが自動車メーカーをめざしたのは、戦後すぐの混乱期で先の見通しの立てづらい時期だからこそ可能であったのである。

■「東京電気自動車」として独立する

　立川飛行機と袂を分かった外山たちは、まず活動できる場所の確保から始めなくてはならなかった。200人の会社といえば、あまり大きくない中小企業といった規模であるが、クルマをつくるスペースのある工場が必要だった。

　そのための資金を用意しなくてはならないが、そのほかにも材料の確保から、バッテリーをはじめとする部品の購入のための資金も用意しなくてはならない。小規模であっても、一定の額の資金が必要だ。大企業から見れば、はした金にしか見えないかもしれないが、いざとなると容易なことではない。

　彼らが確保した工場は、ほろ屋としか言いようのない木造の建物だった。場所は東京都北多摩郡の府中町であるが、府中刑務所の隣りにあって、「日本小型飛行機」の遊休のグライダー工場だった。

府中の「東京電気自動車」の工場

敷地2200坪、建物は2000坪ほどだった。修理やメンテナンスされていなかったから、屋根は雨が降れば雨漏りするもので、傘を差しながら仕事をしなくてはならない状況だった。作業場は土間でコンクリートも打っておらず、板張りのところはところどころに穴があいていた。それでも、念願の城ができたわけで、活動が本格的に開始されたのである。1946年11月から12月にかけて引っ越し、当初は高速機関工業府中工場と称して活動した。オオタ車のボディ製作という下請けとしての活動もしていたからだ。いってみれば私企業だった。

翌1947年6月には資本金19万5千円で株式会社とし、社名を「東京電気自動車」として法人化した。トヨタや日産と比べるべくもなかったが、電気自動車をつくるメーカーとしての活動をだれはばかることなくできるようになったのである。

前途への期待と、その気概は大きいものがあった。ただし、バックのない企業の悲しさで、資金不足に悩まされつづけることになる。いうまでもないことだが、企業活動を活発にしようとすれば、まず最初に資金が必要だった。先立つものがなければ、やりたいこともできないのがこの世界の掟である。

前途に希望を持って行動したにせよ、とりあえずは明日明後日の飯のタネとなる仕事を確保し、それが将来につながることになれば良い、といったところだった。トヨタや日産といった既存の自動車メーカーを意識している余裕などなかった時代である。

仕事は、ほかにオオタ号のボディ製作と自動繰糸機の製作があった。

第2章 電気自動車時代の「たま」の活動

■試作車を改良した「たま」号の完成

　いよいよ本格的に販売できるクルマの開発が始まった。オオタ号のフレームを流用してつくられた試作車をもとに、どのようにしたら使いよいクルマになるか、性能を上げるにはどうしたらよいか検討を加えた。商品化に当たって、どのような使い方をされるか、そのために何をしたらよいか、少しでもライバルとなるであろう他社製の電気自動車に優るものにしようと取り組んだ。

　電気自動車の性能を高めるためには、モーターの効率を上げることが重要である。「東京電気自動車」の開発陣の熱意に応えるかたちでモーターをつくる日立製作所では、ガバナー付きの界磁方式のモーターを開発した。直流直捲き36ボルト、4.5馬力という性能だった。

　バッテリーの充電に時間がかかることが、電気自動車の弱みだった。これをカバーするためにカセット式にして充電したバッテリーとそっくり交換できる仕組みにした。ボディサイドの下側に鉄製の引き出しをつくり、スムーズに引っ張れるように小さい車輪を付けてバッテリーが取り出せるようにした。オオタ号のフレームを切断して改造したのである。

　バッテリー容量が少なくなったクルマに、あらかじめ充電しておいたバッテリーと交換することで、数分で再び走らせることができるように工夫した。少しでも可動率を上げたいと考えているタクシーやトラックの場合、充電に時間をとられない

このアイディアは歓迎された。また、湯浅電池のほうでも、性能を上げるために改良を加えたバッテリーにするなどして、走行距離を伸ばすことに貢献した。

　試作車を大幅に改良したトラックEOT-47が、1947年4月に完成した。最初の試作車を完成させてから半年後のことである。トラックは2人乗り、500kg積み、総重量は1625kgと小振りなわりには重いものだった。車両重量の3分の1以上がバッテリーの重さだった。

　次いで、これを改造して乗用車に仕立てたE4S-47がつくられた。オオタ号のフレームを流用し、ボディは鋼板を使用し手たたきである。フロントのグリルを打ち抜き式にして加工が簡単なわりには見栄えの良いものにし、ヘッドライトもフェンダーにはめ込む方式にするなどの改良が加えられ、クルマとしての商品性の向上が図られた。オオタ号はボンネットとフロントフェンダーの間にできる空間にヘッドライトを独立させて取り付けていたが、工程を少なくできるようにとフェンダーに埋め込む方式にした。

　オオタ号を設計した太田祐雄は、これを見て、クルマとしての見栄えが良くないと評価したが、市場の反応は逆に良く、ガソリンエンジンを積むオオタ号も、後にこの方式に変更された。

　ようやく売り出すためのクルマをつくりあげたのである。ろくな機械設備がなかったから、量産など思いも寄らず、貧しい町工場そのものだった。

　発売するからには、それまで社内で使用していた形式名のままではよくないので、愛称としての車名を社内で募集した。その結果、決定したのが「たま」であった。工場が北多摩郡にあることからの命名である。

　最初の試作車は研究車FOT46B-Iが最高速度33km/h、一回の充電での走行距離は

「たま」トラックEOT-47

50km、研究車EOT46B-IIのほうが同じく最高速度41km/hと走行距離45kmだったが、発売される「たま」トラックは、最高速度30km/h、走行距離60km、乗用車のほうは最高速度35km/h、一回の充電での走行距離は65kmになった。最高速をもっと高めることは可能だったが、そうすると電気の消費量が増えて走行距離が短くなる。

　最高速が35km/hというのは現在の感覚で言えば、すごく鈍足であると思えるが、戦後になっても動力を利用した輸送機関はぜいたくなもので、零細企業や個人企業では大八車や、自転車に荷台をつけたリアカーなどの人力によるものがまかり通っていた時代のことである。しかも、道路のほとんどは舗装されておらず、ほこりま

フロント部分はトラックと共通の「たま」乗用車E4S-47

「たま」自動車のカタログ

みれの上に、あちこちに穴があいている悪路がごく普通だった。

もともとクルマが走るものでなかった道路だったから、速く走ろうとすることに無理があったのだ。ブレーキにしても機械式で、なかには後輪だけにしかブレーキがついていないクルマがあったくらいで、スピードを出すことが想定されていなかった。スピードを上げることは、それだけ全体の性能を上げることになるから、高度な技術が要求され、それにつれてコストがかかるものになる。全体に性能が高くないところでバランスをとるより仕方なかったのだ。

乗り心地や快適性をよくする配慮より、壊れないで走ることが何よりも優先された。それに、ガソリンエンジン車には及ばないにしても、代替燃料車である木炭車が競争相手であれば、充分に太刀打ちできる性能だった。

「たま」のトラックと乗用車は、ともに前開きの2ドアでフロントスクリーンは曲面のない一枚ガラスだった。ボディの外板は、木型をベースにして手たたきの板金作業でつくられた。ボディの骨格となる部分は、現在ならプレス加工で簡単にできるが、板金でつくることがむずかしいのでクヌギやナラなどの堅い木材をつかって釘やネジで組み立てた。進んだメーカーはオール金属製のボディになっていたが、そんな高級なボディは望むほうが無理だった。多くのパーツ類も、オオタ号のものを流用していた。「たま」の工場内には、飛行機の翼が羽布張りだったので、縫製作業場があり、そこでシートや内張などを内製した。

1947年12月に車両規格が改訂され小型車は1500cc以下、車両寸法が全長4300mm以下になったのに伴い、「たま」号はトラック及び乗用車の全長を伸ばしている。

■日比谷野外音楽堂での発表展示会

完成したクルマは販売するため、多くの人たちに知ってもらう必要があった。1947年10月に日比谷野外音楽堂で発表展示会を開催した。

大手のタクシー会社や運送会社、さらには報道関係の人たちを招待した。完成したトラックと乗用車の5台の「たま」号が、有力新聞社を訪問するなど都内をパレード

して展示会場に集結した。

　戦前からトヨタや日産は、ジャーナリストや販売店の人たちを呼んで発表展示会を派手に開催していた。それにならってのことであるが、日比谷野外音楽堂は、このころは現在なら武道館や一流ホテル並みの場所であり、中小企業の「東京電気自動車」としては奮発したものである。

　日比谷での展示発表会のおかげで5台とも売れた。価格は45万円であったという。当時のサラリーマンの賃金が3000円ほどだったというから、かなり高価である。「たま」号はその後、銀座のデパート前で1か月ほど展示され、さらに銀座のカメラ店前で3か月展示した。街頭宣伝というより、展示即売会的な性格だった。

　トヨタや日産、それにオオタの高速機関工業などは、ガソリンエンジン車をつくっており、電気自動車をつくるのは、どちらかというと中小から零細メーカーのほうが多かった。この頃は東京や大阪などの大都市では、電気自動車はタクシーなどに使用され、数は少ないが充電できるスタンドさえ存在するようになっていた。

　ガソリン事情が悪いことに支えられたあだ花的な存在だったが、この頃から数年間が電気自動車の黄金期だった。そしてバッテリーを交換できる「たま」号は、タクシー会社の注目するところとなった。

■公開の性能試験でダントツの成績をあげる！

　1947年の「東京電気自動車」の販売実績は28台に達した。半年ほどのあいだだから、月に4、5台ということになる。すべて手づくりで仕上げていくので能率が上がらないが、生産がはかどらないのは、資材の入手がままならないからでもあった。買い手がついても、すぐにクルマを引き渡せない状態だった。在庫になることは考えられず、つくりさえすれば売れるのだが、つくることが大変だったのだ。売れない悩みよりマシかも知れないが、これはこれでイライラがつのる状況だった。

　事態が打開されたのは、翌1948年3月に電気自動車の性能試験が実施されて好成績を納め、資材を優先的にまわしてもらえるようになったことによる。戦後3年ほど経過して一定の秩序が構築されるようになってきたなかで、電気自動車の性能試験を実施して、通産省の前身である商工省が、その結果により資材を優先して割り当てることにしたのである。

　どのメーカーも資材不足に悩まされていたから、張り切って参加した。自動車技術会が、商工省の委託を受けて実施したもので、平均速度やフル充電による走行距離、最高速度、加速性能、登坂性能など13項目にわたっての性能試験だった。

第1回の関西地区での性能試験に参加したメーカーは10社で、なかにはトヨタや日産の関連会社もあったようだ。

　外山は、それなりに自信があったものの、自動車に関してはまだ駆け出しのメーカーであり、経験豊富なメーカーに性能でかなわないのではないかと、内心不安でもあった。

　ところが、フタを開けてみると、この性能試験で「たま」号は乗用車・トラックとも圧倒的に優秀な成績を収めた。他の多くのメーカーが、どうにか走らせることができるクルマを持ち込んだのに対して、「たま」号は、この性能試験のために周到な準備をして臨んでいたからであった。

　モーターが新開発の性能の良いものだったこと、バッテリーの容量が充電回数により変化することを掴んでいたのでもっとも容量の多くなる回数に合わせていたこと、抵抗を減らすためにほかのバッテリーでデフオイルを事前に暖めていたことなどをはじめ、細部にわたってスムーズに走れるように整備してきていた。

　さらに、スタート時にはトルクが大きくなり消費電流が多くなるので、試験の際も人が押してスタートするようにした。飛行機を開発するときのテストなどの経験を踏まえて準備を入念にしてきたのだが、技術に対する基本的な構えがしっかりした技術者が取り組んだ強みが発揮された。

　性能試験前に、こうした準備をするのはあるレベル以上のポテンシャルを持ったメーカーなら当然のことだが、電気自動車というマイナーな分野ではそこまで配慮できるメーカーは少なかったのである。したがって、「たま」号の成績が13項目中12項目でトップとなったのは偶然ではない。平均速度は、他社の電気自動車が20km/hそこそこだったが、「たま」号は26〜28km/h、走行距離は他社が50〜60kmだったのに対して90kmを超えており、性能の差は決定的と思われるほどだった。

性能試験に臨む「たま」自動車

　この結果に、外山は内心驚きながらも、これで自動車メーカーとしてやっていけると胸をなで下ろした。

　その後、こうした性能試験

はこの年の9月にも小田原
で実施されたが、やはり
「たま」号はトップの性能を
発揮した。

　「東京電気自動車」は商工
省の重要産業工場の指定を
受けることになり、優先的
にクルマに必要な資材がま
わされることになった。こ
の性能試験の結果は「たま」
号の優秀さをアピールする
ことになり、受注が増え

府中にあった東京電気自動車の工場内部

た。電気自動車の分野ではトップメーカーとなったのである。そして一時はプレミ
アが付いて販売されるほどだった。

　しかし、ここでの競争はあくまでもマイナーリーグでのものである。ここで、他
を圧倒するくらいの成績を収めなくては、メジャーリーグに進む道が開かれるはず
はない。

■資金不足という壁に打ち当たる

　すぐに新しい問題が生じた。安定した経営にするには生産台数を多くするとよい
が、そのためにはまず資金が必要だった。優先的に資材を供給してくれるとはい
え、購入するには資金がいる。当たり前のことだ。

　そのために、銀行から利息付きの資金を借りてまかなうのが普通のビジネスのや
り方だが、規模の小さい自動車メーカーなど銀行は相手にしてくれない。中小企業
の経営者にとっては、資金繰りはもっとも頭を悩ませることだった。この時代は、
一時的に大きな利益を出しているところでも、すぐに立ちゆかなくなることがあ
り、銀行は借り手が殺到していたから、大いばりで貸付先を選別していた。町工場
そのもののオンぼろな「東京電気自動車」は、手がたい事業をしているとは思われな
かったのだ。

　資材の調達以外にも資金は必要だった。手たたきでつくるのに職人芸に頼ってい
るから、生産台数を多くするには人員を増強しなくてはならない。機械設備を充実
させて生産効率を上げるほどの生産台数ではなかったので、生産台数を多くするた

めに、まず職人の増強が先決だった。それに、販売を始めるとトラブルが生じたり、消耗部品の交換などのサービスに人が必要になり、人件費がどんどん増加していった。

そのほかにも、資金繰りを苦しくする要素があった。

1949年4月までは、多くの製品が統制品として行政によって公定価格が決められていた。自動車もその中に入っており、インフレがつづく時代で、何か月かごとに価格が改定されるが、インフレ率に追いつかないことのほうが多かった。改定されたときはいいが、すぐにインフレに追い抜かれて利益が縮小し、下手をすれば赤字になりかねなかった。

売り上げが伸びたことにより、資金不足が深刻になった。船足が速くなったために暗礁に乗り上げる危険が増したようなものだった。次の段階に進むための苦しみでもあった。

この難関を突破しなくては、自動車メーカーとして生き残れないのは明らかだ。資金の調達と優秀な人材を集めることが、外山の仕事だった。

1948年6月に資本金を200万円に増やしたが、その程度ではとても足りなかった。連日、夜遅くまで会議を開いたが、資金調達の見通しがつかず、悲観的な意見が出て見通しがつかない状態となった。

　製造業の場合は設備投資などに莫大な資金がかかり、資本を出す人を別に見つけなくてはならないケースがほとんどである。中島飛行機を創設した中島知久平の場合も、当初は関西の財閥である川西甚兵衛からの資本を仰いでおり、くろがね工業の蒔田鉄造の場合は大倉財閥と関係することで事業が成立し、太田自動車の場合も三井の資本が入ることで会社を大きくできた経緯がある。

　三菱や川崎、石川島などの財閥系企業の場合ならいざ知らず、個人企業に近いところでは大きくなるためにはバックとなる資金源が必要になる。しかし、そうしたバックを獲得するのが簡単なことではない。

　トヨタと日産は、ともに創業者が資金を用意してスタートしていた。自動車は量産しなければ成立しない事業であることを二人ともよく認識していたのである。

■ブリヂストンの石橋資本の導入

思いあぐねた外山は、自由党の代議士をしている義父の鈴木里一郎に相談した。鈴木は、ブリヂストンの社長をしていた石橋正二郎を頼るように提案した。このときの、石橋との出会いが「東京電気自動車」の運命を大きく左右することになった。石橋がいなければ、プリンス自動車の存在は考えられないし、自動車メーカーとし

て発展することも不可能だったろう。石橋が出資することによって、自動車メーカーとして一人前になる可能性が開かれたのである。

足袋製造から地下足袋、さらにゴム長靴の製造に乗りだし、タイヤの製造に進出するなど次々と事業を拡大した石橋は、大物政治家とも親交があり、莫大な資産と信用を持っていた。九州の久留米でスタートし、一代で事業を拡大して莫大な資産をつくった、立志伝中の人物である。

石橋が資本参加することになった経過は次のようなものである。

外山の義父・鈴木里一郎は代議士であると同時に画商としても活躍していた。石橋は絵画のコレクターであり、ブリヂストン美術館は石橋のコレクションを公開したものである。その関係で鈴木とは旧知の仲だった。「たま」号のためのタイヤも鈴木が石橋に依頼して供給してもらっていた。ゴムが不足している時代で、タイヤをまわしてもらうのも容易ではなかったのだ。

石橋は誠実な人柄の鈴木を信用しており、彼からの申し出ということで、最初から前向きに検討する意志を持ったのである。出資を頼みに来た鈴木と外山が帰ってから、石橋は息子の幹一郎に「鈴木さんは正直な人だから手伝ってあげようかね」と言ったという。

> もともと石橋はクルマ好きだった。1912年に上京した際に自動車に惹かれて1台購入した石橋は、これを九州に持って帰り、宣伝用に使用した。東京や大阪でも自動車はまだ珍しかったし、九州ではほとんどの人が初めて見るものだった。このクルマの走るところに人々が集まり宣伝効果は大きかったという。
>
> 石橋は、その後も自動車に興味を示し続け、一時は自動車メーカーを起こそうかとさえ考えたことがあった。戦前のことで、もし日本が戦争に突入していなかったらあるいは実現していたかも知れない。
>
> 1937年ごろ、ドイツ製のハノマークという単気筒エンジンのクルマを購入して、久留米の工場の片隅で試作し始めた。実際に試作車ができて、息子の幹一郎は走らせた経験があるという。

「東京電気自動車」への資本参加の話に、石橋は大いに興味をそそられたのである。もちろん、経験豊富な経営者である石橋が、よく検討もせずに資金を出す約束をするわけがない。

まずどんなクルマをつくっているのか見てみたいという石橋の言葉にこたえて、石橋邸のある東京・麻布近くの鳥居坂に「たま」号が持ってこられた。クルマの性能を見るために、この坂をどんなふうに登るか、走る姿を見たいというのだ。

このときも、外山は不安な気持ちでいた。もしバッテリーが上がって走れなくなるなど、みじめな姿を見せれば出資してもらえなくなる——。

　ドライバーは設計の中心となって活躍した山内正一で、完成車の検査もやっていて、運転に自信を持っていた。

　興味津々で見守る石橋の前で、坂道でのスタートで「たま」号は加速良く坂を登っ

都内を走る「たま」のトラックと乗用車

ていった。このころはトヨタや日産にタイヤを供給していたから、ダットサンやトヨタ乗用車の走りっぷりについて石橋は知っていたに違いない。とすると、それらをはるかに凌ぐ元気の良い「たま」号の発進加速に目を見張った可能性が強い。モーターで走る電気自動車は、回し始めたときにトルクが大きく発揮されるから、発進加速が良いという特徴を持っている。

　そうした特徴を知らなくてガソリンエンジン車と比較すれば、間違いなく電気自動車のほうが勝っている印象になる。

　坂道で元気良くスタートする姿は、どんなクルマか関心を持って見守った石橋には、きわめて好印象を与えたであろうと思われる。

　優秀なクルマであると石橋は評価したのである。実際に、電気自動車としてはトップの性能だったし、電気自動車であったことが有利に働いた可能性がある。元気良く走る姿に接するのは、クルマ好きにとってはうれしいことである。

　外山は大きくうなずく石橋を見て、胸をなで下ろした。「たま」の将来が開けた瞬間だった。

　その直後に、府中にある「東京電気自動車」の工場を見に来た石橋は、そのボロさ加減にも驚いたようだ。石橋が「こんな汚い工場でよくあれだけの性能の良いクルマをつくったものだ」と変なところに感心したというエピソードが残されている。

　このとき石橋は60歳となっていた。大きな財産を残し、功なり名をなしていた。もう少し若ければ、あるいはもっと積極的にこの事業に関わる姿勢を見せたかも知れない。

　資金を提供する条件として石橋が提示したのは、自分が会長になり、鈴木里一郎

が社長に就任することだった。それだけ鈴木を信頼していたのである。

■新工場へ移り「たま電気自動車」と社名変更

　1949年2月に資本金700万円となり、その大半は石橋が出資し、鈴木自身も出資している。資金ができたことにより、この年の11月には、手狭であり老朽化した最初の工場から、かつて上陸用舟艇などのエンジンをつくっていた三鷹にある正田飛行機の工場に移転することができた。鈴木里一郎社長が、たまたま三鷹市上連雀にある工場が三和銀行の担保に入っていることを聞きつけたのである。

　ここに新工場が建設された。府中にあった2000坪のボロ工場から12000坪の敷地を持つ4000坪の工場に移った。大形プレス機も整えられ、月産70台体制に向けて準備が進められた。

　このときに、移転とともに社名が「東京電気自動車」から「たま電気自動車」へと変わった。どこにでもありそうで特徴のない名前から独自色を出した社名になった。もちろん、クルマの名前と同じにしたほうがなにかと都合が良かったからである。

　1949年は戦後最初の深刻な不況が訪れていた。そんななかでも、「たま自動車」は一時的な不振で在庫も若干増えたが、すぐに一掃し、比較的不況の影響が少なく、業績が上がっていった。

　その後、三鷹工場への引っ越しの影響で1950年初めは生産が落ちたが、すぐに回復した。1950年4月には資本金1500万円に増資され、工場も増改築された。

「たま電気自動車」工場の正面

■新技術の導入・「たまセニア」と「たまジュニア」の誕生

　トップメーカーとしての地位を保ち続けるために、改良を加えた「たま」号が1948年6月に出されている。これが「たまジュニア」である。石橋の資本が入る前のことである。

自動車の技術が確立しておらず、つくるほうでもクルマのことを勉強しながら開発している状況だから、新型ができたときには、こうすれば良かったという反省があるものだ。

　戦後すぐの段階では、とりあえずは走れればよかったが、アメリカやヨーロッパからの情報が入って来るにつれて、また少しは経済的に余裕ができて来るにつれて、カッコ良くてスマートなものにすることが求められた。走っているときに人目にさらされるクルマはその点でも、きわめて敏感なものである。

　続いて1948年9月に出した一回り大きいサイズの新型の「たまセニア」は、使用するパーツの多くは依然としてオオタ号のものを流用していたが、独自に設計した部分を加えた。販売を伸ばすためにバリエーションを広げる余裕ができ、自動車メーカーとして幅を広げる第一歩だった。

　「たまセニア」には、さまざまな新機構が採用された。タクシーに使用されること

「たまジュニア」E4S-49

を意識して、室内を広くするためにホイールベースを「たまジュニア」の2000mmから2220mmに伸ばし、スタイルも高級感を出すように配慮され、装備も電気自動車のイメージを超えた豪華さを盛り込んでいた。

　「たまジュニア」のフレームはオーソドックスなはしご型だったが、「たまセニア」のほうはX型フレーム

「たまセニア」EMS-48

にしている。このほうが床面を下げることができるし、トラックに適したはしご型フレームから脱して乗用車専用のフレームにするという先進的な思想で設計された。しかも、サスペンションはこの時代の定番ともいうべきリーフスプリング使用のリジッド式ではなく、フロントはリーフスプリングを横置きにしたセミ独立懸架方式を採用した。乗り心地をよくするための機構ではあるが、機能を充分に生かすのがむずかしい面があった。手がたいクルマづくりを考えれば、躊躇するかもしれない機構の採用である。

　ガソリン車に負けない機構のものにして、存在感を示そうという意気込みが感じられるが、先進的な技術を率先して採用する姿勢は、このときからプリンス自動車の大きな特徴のひとつである。自動車をつくった経験が浅いマイナス面と、自動車より技術的にむずかしい飛行機をつくっていたという自負とが入り交じって、進んだ技術の採用に率先して踏み切る傾向が見られた。

　「たまセニア」はアメリカ車のイメージを取り入れて、ゆったりと乗用車らしいスタイルをしていた。

　トヨタSD型やダットサンよりはるかに乗用車らしく豪華な感じがあった。外観だけでなく、メーターパネルも、速度計や電圧計のほかに時計やラジオボックスが取り付けられ、高級感を出そうとしていた。全長は3980mmと、セダンらしいスタイルにすることが可能だった。車両重量は1650kgと「たまジュニア」より500kgも重くなったが、その分バッテリー容量を多くして一充電走行距離は150kmと大幅に伸びていた。急坂もゆうゆうと登れるし、行動範囲も広がり、ガソリン車に充分に対抗できるという評価もあった。

「たま」号歴代の主要諸元

発表時期	車名	全長 (mm)	全幅 (mm)	ホイールベース (mm)	乗車定員 (人)	車両重量 (kg)	最高速度 (km/h)	蓄電池 (v/AH)	モーター (hp)
1946年11月	試作EOT-46B	2990	1200	2000	2	940	33	40/150	4.5
1947年 4月	トラックEOT-47-I	3038	↑	↑	↑	1020	34	40/162	↑
1948年 1月	トラックEOT-47-II	3200	↑	↑	↑	1050	↑	↑	↑
1947年 5月	たまE4S-47-I	3035	1230	↑	4	1100	35	↑	↑
1948年 1月	たまE4S-47-II	3460	1270	↑	↑	1050	↑	↑	↑
1948年 6月	たまジュニアE4S-48	3560	1400	↑	↑	1125	36	40/210	↑
1949年 2月	ジュニア(4ドア)E4S-49	3560	1400	2020	↑	1218	45	44/250	↑
1948年 9月	たまセニア(2ドア)EMS-48-I	3980	1570	2220	↑	1650	45	80/204	6.0
1949年 3月	セニア(4ドア)EMS-49-II	4200	↑	2400	5	1776	55	80/250	↑
1949年 9月	セニアEMS-49-III	↑	↑	↑	↑	1930	↑	↑	↑

生産台数の制限がなく乗用車をつくれるようになるのは1949年からである。それ
までは生産する台数が決められて許可された。トヨタも日産も主流はトラックの
生産で、乗用車に力を入れる余裕がなかった。トヨタは先進的な機構を持った小
型乗用車SA型とこれを改良したSC型をいち早く完成させたが、進んだ機構が逆に
災いして耐久信頼性のないものとなり、わずかな販売しかできなかった。代わっ
てトラックのフレームを使用した頑丈だけが取り柄の乗用車を1949年につくった。
乗り心地を二の次にした1000ccSD型である。日産は戦前に発売したダットサンを
860ccにしてつくりなおしたものだった。フレームなどはトラックと共通で、プレ
スの金型などは軍に供出していたから、ボディの製作は三菱や住之江製作所など
に外注していて、スタイルはボディメーカーごとに違ったものだった。

トヨタSD型乗用車　　　　　　　　　　　ダットサンDA4B型乗用車

■全鋼板製ボディにして機能向上を図る

　「たまジュニア」と「たまセニア」は発売から1年も経たない1949年2月と3月にモデル
チェンジされている。今でいうモデルチェンジとは意味合いが異なるが、発売して
から出た不具合を直すとともに性能向上を図り、新型として発売したのである。

　このときにボディの骨格が木製から鋼板にかわり、待望の全鋼板製ボディとなっ
た。プレス機などがごく一部ではあるが導入されたためだ。石橋の資本が入ったお
かげである。

　「たまジュニア」もスタイルに変更があり、最高速は36km/hから45km/hにあげら
れ、油圧ブレーキの採用などの機能が充実した。2ボルト電池を22個搭載し、一充電
走行距離は130kmにのびた。バッテリーのカセット化はやめて、そのまま充電する
方式に戻されている。このくらい走ることができればその必要がなかったのだ。2
ドア車に、その後4ドア車がつくられた。

　「たまセニア」はホイールベースを2400mmに伸ばし全長が4000mmを超えて、当時
の国産車としては堂々とした大きさである。「たまセニア」には5人乗り車が追加さ
れ、最高速は45km/hから55km/hとなり、2ボルト電池を40個搭載し、一充電走行距離

は200kmに達した。カタログには東京から小田原まで往復できることが誇らかに記されていた。このときのバッテリーの総重量は何と804kgに達していたという。

　その6か月後の1949年9月にはフロントグリルやボディサイドのスタイルを変更して、それまで以上に乗用車らしく見えるようにしている。さらに、アルカリバッテリーの採用を検討するなど、電気自動車の性能向上に取り組んだ。

■小規模自動車メーカーならではの苦闘の連続

　ブリヂストンの石橋正二郎というバックができたものの、独立した自動車メーカーとしてやって行くのは並大抵の苦労ではなかったようだ。

　忙しく駆けずりまわる外山は、朝がた「夕方帰るから、それからミーティングをするので待っているように」と言って出かけていった。

　しかし、外山が帰ってきたのは午後9時過ぎだったりして、それから会議が始まり、帰宅するのは夜中になることも珍しくなかった。社員の間では、外山の夕方というのは午後9時過ぎのことらしいという認識になったという。

　決められた時間内で働くという感覚ではなく、目標をクリアするために勤務時間に関係なく、ときには徹夜になることもあった。仮眠をとるにしても、暖房のない冬期には毛布一枚でふるえなくてはならなかったし、風の通らない工場は、夏の暑さのなかでも冷房などはなく、板金などのものすごい騒音のなかで汗を拭き拭き作業するしかなかった。しかし、誰も文句は言わなかった。今では考えられないほど全員が仕事中心だった。無理を無理と思わないところがあった。

　新宿区の市ヶ谷に営業所がつくられたのは1949年2月だった。

　従来からの営業課がここに移り、ガレージと修理工場に設備をととのえて販売拡張を図ることになった。所員は10名でスタートした。セールスは専門の人たちを雇ったりしたが、サービスは「たま」の従業員がしていた。販売したタクシー会社などへの巡回サービスが実施され、電気自動車特有のトラブル対策や自家用車として使用するユーザーへの技術指導にもあたった。

　この年の8月には間借りしていたビルのひと間から新しい営業所へ移った。

　クルマが売れるようになると、それにつれて仕事が増えてきた。トラブルもあるから作業は大変である。たまりかねて、人員を増やして欲しいと外山に訴えたところ、「工夫してやりくりしろ、おまえたちのやり方がわるいのではないか」と、まともに取り上げてもらえなかったという。

　外山にしてみれば、増員したいのはやまやまだったろうが、ほかの部署でもそれ

東京・市ヶ谷にあった「たま」の東京営業所

以上に苦しんでいるのだからガマンさせるより仕方なかったのだろう。

　販売された電気自動車は、タクシーに使用されると次々とトラブルが生じた。今日のように各種の道路を長時間かけてテストして、そこで生じるトラブルや不具合の対策をしてから発売するという段取りではなく、モデルチェンジした場合でも、1号車である程度走行して様子を見るものの、不具合を洗い出すまでにはいたらない。そこまでの余裕がないのが実情だった。

　「たまジュニア」では、ドアの蝶番部分、フロントアクスルのナックル部分、プロペラシャフトのラバージョイント部にトラブルが頻発した。「たまセニア」の方は、フロントスプリング、リアアクスルシャフト、それにプロペラシャフトのジョイント部に欠陥があった。いずれも、トラブルが出ると走行不能に陥るもので、ユーザーから連絡があると、すぐに駆けつけなくてはならなかった。牽引して、部品を用意している市ヶ谷営業所にクルマを運び、すぐに直すようにした。

　しかし、「たまセニア」のフロントのスプリングの折損トラブルでは、走行不能に陥るだけでなく、牽引すらできない状態だった。連絡が入ると、スプリングを持って現場に駆けつけ、ときには夜中まで修理作業を続けなくてはならず、冬期にはふるえながらクルマのなかで夜を明かすこともあった。

　頻繁にトラブルが起こると、修理用の部品が底をついてしまう。ユーザーを長いあいだ待たせるわけには行かないから、三鷹工場で生産しているクルマのものを流用することもあった。フロントアクスルのナックルはオオタ号のものを流用していたが、オオタにもそのパーツがなくて、修理できないこともあった。

　すぐに対応できない場合は、ひたすらユーザーに頭を下げるしかなかったのだ。

　ユーザーとの接点である販売部門の教育やサービスの仕方については、販売網をきちんと構築したトヨタや日産では戦前からマニュアルができていた。その元になったのは、日本フォードや日本GMの販売方法で、そのノウハウを学んで独自に

改良が加えられていたのだった。

　しかし、新興の販売台数の少ない「たま」には、こうした知識を学ぶ機会がなく、ノウハウを持つ人もいなかった。その場しのぎで対処するしかなかったのである。「たま」の販売当初は大都市中心で、全国展開を図るところまでは行かなかった。

■この時代が電気自動車の最盛期だった

　ここで電気自動車とその他の自動車の当時の状況についてみてみよう。

　1948年に経済復興5か年計画がつくられ、自動車工業の振興が図られることになった。そのときに立てた生産計画は下の表のとおりである。これによると、1949年度の生産計画のなかでガソリン小型自動車は12000台であるのに対して三輪車は24000台とちょうど2倍になっている。

　それだけ零細企業や個人企業の輸送機関としてオート三輪が普及したのである。トップメーカーである東洋工業(マツダ)と発動機製造(ダイハツ)は、ともに量産体制を敷いて少しでもコストを下げる努力をしていた。

　電気自動車の1949年の生産計画は約3000台だった。これは小型ガソリン車の4分の1に当たる台数で、電気自動車が確固とした地位を築いていたことが判る。この年に石橋正二郎の経営するブリヂストンの資本が入り、三鷹工場に引っ越したわけだが、新工場になって月産30台から50台の規模に充実された。

　1949年度の「たま電気自動車」の販売台数は397台だった。前年の48年が270台だったから順調な伸びといえないことはないが、資金的な苦しさがあって、これ以上伸ばすことができなかったのだ。

　乗用車の生産は、131台だからトヨタや日産と比較すれば、ろくな設備がなく、資金的にも問題にならないメーカーでありながら健闘した数字である。しかし、トラックを含めた全体の生産台数で見ればトヨタの30分の1以下になり、自動車メーカーとしてみた場合は、横綱と幕下くらいの差があった。

　ちなみに、1949年の電気自動車の生産内訳は、乗用車が1222台、小型トラックが

経済復興5か年計画における自動車生産計画

種　別	1949年度	1950年度	1951年度	1952年度	1953年度
大型自動車	1,500台	1,800台	2,400台	3,000台	3,000台
普　通　車	23,500台	27,000台	30,000台	30,000台	30,000台
小型四輪車	12,000台	20,000台	25,000台	30,000台	30,000台
小型三輪車	24,000台	26,000台	28,000台	30,000台	30,000台
小型二輪車	12,000台	12,000台	13,000台	15,000台	18,000台
電　気　車	2,960台	5,000台	7,000台	8,640台	9,850台

189台と、四輪ガソリン車が乗用車よりトラックが多いなかで、電気自動車はタクシーなど乗用車のほうが多いのが特徴だった。

オート三輪では1949年度の生産は、発動機製造が6856台、東洋工業が6558台、その他が1.5万台ほどで、合計28000台に達しており、先の通産省の計画を上回る数字を残している。

なお、このときの計画では電気自動車も1950年以降順調に伸びていくはずだったが、そうはいかなかった。

電気自動車の生産台数

車種 年	中小型車			大型車
	トラック	乗用車	計	
1945	5	39	44	2
1946	110	235	345	106
1947	420	333	753	195
1948	342	805	1,147	255
1949	189	1,222	1,411	206
1950	67	802	869	50
1951	32	86	118	6
1952	28	2	30	0

「たま」の電気自動車生産台数

車種 年	E4S-47	E4S-48	E4S-49	EMS-48	年合計
1947	28				28
1948	188	82			270
1949		264	2	131	397
1950			166	218	384
1951			16	4	20
台数	216	346	184	353	1,099

■朝鮮戦争の勃発で電気自動車の生産が困難に

翌1950年は、景気が大幅に回復して多くの自動車メーカーは生産台数を増やしている。しかし、この年の「たま電気自動車」の生産台数は384台だった。せっかく月産50台体制にして、増産を図ろうとしたにしては、前年を下回る成績しか残していないのだ。

その理由は、バッテリーの価格高騰にあった。そのきっかけは朝鮮戦争である。

1950年6月に朝鮮戦争が起こったことが、日本経済に大きな影響を与えた。いろいろな意味で、これが日本社会の大きな転換点となった。「たま自動車」も当然その影響を大きく受けて方向転換を図ることになる。

在日米軍は直ちに朝鮮の戦場に出動することになったが、輸送機関や兵器の生産を日本に頼ることにした。いわゆる朝鮮特需である。鉄砲の弾など兵器の一部が日本でつくられるようになり、比較的需要が安定していた鉛の価格がたちまちのうち2倍、3倍になり、さらに高騰を続けた。

鉛バッテリーはその影響をもろに受けた。バッテリーをつくるのにもっとも必要な鉛の価格が、どんどん高くなっていった。そのため、電気自動車は、それまでの価格で販売することはできなくなった。電気自動車のメリットが急速に失われたのである。

朝鮮戦争が勃発したときに外山は、これでガソリンが不足することになるから、電気自動車が有利になると喜んだ。しかし、まったく逆となった。やがて1トン5万

円していた鉛の価格は25万円まで跳ね上がり、さらに高騰をつづけた。

　これにつれてクルマに搭載するバッテリーの価格がはね上がった。1台3〜4万円だったものがたちまちのうちに9〜11万円、最終的には40〜45万円と信じられない価格となった。電気自動車の経済性は、まったくなくなったのである。

　追い打ちをかけるようにガソリンの供給が緩やかになった。占領軍が大幅にガソリンを放出し、統制が解除されたのである。それまで手に入りづらかったガソリンが容易に入手できるようになり、ガソリンスタンドが少しずつ各地にできていった。木炭車など代替え燃料を使用していたクルマもたちまち姿を消した。

　朝鮮戦争が始まって数か月経つか経たないうちに、電気自動車はお呼びでなくなってしまったのだ。予測できなかったこととはいえ、「たま電気自動車」の根本を揺るがす大問題だった。

　幸いにして、「たま」は特需としてアメリカ軍から大量のナパームタンクやロケットのフィンの製造契約を取ることができた。

　外山保と飯寺玄は、アメリカ軍が軍事物資の調達を日本でするという情報をつかむや、すぐに立川飛行機を接収したアメリカ空軍兵器廠と交渉して特需に関する契約を取ったのだ。ドルによる現金支払いなので、きわめて好条件だった。とりあえずは自動車の生産を細々と続けながらも、ナパームタンクなどをつくれば企業としてはやっていけた。しかし、すぐに手を打つ必要があった。

　電気自動車用に製造された仕掛り中の車体には、オオタのエンジンを搭載して、オオタのブランドで発売するように急遽対策された。1951年度中に161台、52年に85台がオオタ車となった。

　最終的に電気自動車の生産を中止するのは1951年6月、朝鮮戦争開始から1年後のことだ。「たま」の1951年の電気自動車の生産はトラックと乗用車あわせて20台のみだった。実質的には朝鮮戦争が始まった時点で、電気自動車の寿命はつきていたのである。

■電動モーターに代わる動力をどうする？

　電動モーターに代わる動力を調達しなくてはならなかった。自動車メーカーとしてやっていくためにはエンジンがなくてはならない。ことエンジンになると「たま電気自動車」にはその技術者が一人もおらず、とうてい自分たちで開発するのは無理である。

　ここが、本当の自動車メーカーになれるかどうかの分岐点だった。緊急な幹部会のなかで、どのようなエンジンをいかにして入手するか検討した。シンプルな空冷

エンジンを搭載する案も出された。田中次郎は会議のために徹夜してガソリンとディーゼルの仕様書を作成した。

　議論はまとまらず、鈴木社長の決断で、ガソリンエンジン車をつくることに決定した。この決断は、石橋の意向を受けてのものだったのではないかと思われる。石橋にはガソリンエンジン車がもっとも興味のあるもので、オート三輪やディーゼル車は論外であったはずだ。

　ガソリンエンジンをつくれないようでは、本格的な自動車メーカーになることができないのは自明のことだ。エンジンの開発こそ、自動車技術のキーになるものだった。

■ガソリンエンジンの開発を富士精密に依頼

　いずれにしても、エンジンの開発技術を持っているところに依頼するしか方法はない。そこで、浮上したのが富士精密だった。

　前身が中島飛行機のエンジン部門であり、その流れで各種のエンジンや各種の精密機械類を製作している富士精密は、自動車用エンジンをつくった経験はほとんどなかったが、その技術の高さには定評があった。もし何らかのかたちで自動車メーカーと関係したところにエンジンの供給を依頼することになれば、「たま」のような小メーカーは、供給するメーカーの下請けとしての地位に甘んじなくてはならない。あくまで、独立した自動車メーカーとしてやっていくためには、エンジンの開発を依頼するにしても、自主性を持つために、自動車メーカーと関係のない富士精密は最良のパートナーに思えたのである。

　こうして、「たま」と富士精密の関係ができた。

　富士精密の前身である中島飛行機のエンジン部門とは、立川飛行機時代から「隼」など中島の機体を数多く生産した関係で、両社は戦時中から接触があり、両社を代表する外山保と新山春雄も旧知の仲だった。

　いずれにしても、飛行機のエンジンを設計製造した実績があれば、自動車のエンジンをつくるのはむずかしいことではないはずだった。飛行機の機体を設計した経験を持つ田中次郎は、クルマのボディの設計で強度計算などに神経を使っていないことを知り、ずいぶん大ざっぱにつくられるのだなあという印象を最初に持った。飛行機のほうがよほど厳密につくられていたのだ。その経験からエンジンに関しても同様だと思われた。

　飛行機用エンジンは零戦などは1000馬力になり、その後の「疾風」では2000馬力に

なり、さらにそれ以上の馬力のエンジン開発が計画された。シリンダー数も7気筒から14気筒や18気筒と複雑で大きくなっていた。それに比較すれば、国産小型自動車用エンジンはせいぜい4気筒どまりのシンプルなもので、国産では20馬力から30馬力程度の低い出力のものばかりだった。富士精密は荻窪に本社と工場があり、三鷹の「たま」とは地の利も良かった。

　エンジンさえ手にはいれば、電気自動車の経験からトヨタや日産に負けないだけのクルマをつくる自信が「たま」の技術者たちにはあった。それだけ意気軒昂だった。いよいよ電気自動車というマイナーリーグから、ガソリンエンジン車というメジャーリーグに参入することになったのだ。

　「たま」が電気自動車から転身を図らざるを得なくなったころは、自動車メーカーの動きがようやく戦後の混乱を乗り切って活発に活動しようとし始めた時期でもあった。

　1949年の不況に苦しんだトヨタは、老朽化した設備を新しくして効率よい生産体制を確立しようとしていた。朝鮮特需によるトラックの大量発注を受けて在庫は一掃、それまでの経営不振はウソのように元気になった。トヨタは朝鮮戦争の勃発直後に技術部門のリーダーである豊田英二と斉藤尚一の二人をアメリカのフォードに視察に行かせて、もっとも進んだ設備にすべく行動を開始した。雌伏の時代を終えて、いよいよ飛躍の時代に入ろうと張り切っていた。なによりも生産効率を上げることを第一にして、長期的な展望のもとにクルマの開発をしようと考えていた。日産も同様だった。「たま」が新しく出発しようとしているとき、主要自動車メーカーも、戦後の苦しい時代がようやく終わろうとしていたのだ。

田中次郎が開発に深く関与した立川飛行機「キ74」

第3章 旧中島飛行機エンジン部門・富士精密の動向

■苦しい経営がつづいていた富士精密

　「たま電気自動車」からエンジンの開発と生産の依頼を受けた富士精密は、朝鮮戦争による特需の恩恵にはあずかれず、経営は苦しいままだった。給料が遅配することがあり、先鋭化した労働組合はストライキなどをして生産性は良くなかった。外山たちのように、素早く行動して特需をとるようなやり手の経営者が、富士精密にはいなかったのだ。

　戦後5年が経過した1950年7月に企業再建整備法に基づき、中島飛行機の荻窪工場が浜松製作所と合併して富士精密工業として独立した会社となった。このときの従業員は両工場あわせて1000人あまりだった。中島飛行機から戦後すぐに生まれ変わった富士産業は、財閥解体により12の企業に分割されていた。実質的には工場単位で活動していたものが、このときに正式に企業として新しく出直すことになったのである。

1950年代の荻窪にある富士精密の敷地と工場

　中島飛行機の太田工場や伊勢崎工場、それに三鷹工場、さらには大宮工場と宇都宮工場が大同団結して富士重工業になるのは、この後の1953年7月のことである。

　荻窪工場は、中島飛行機のエンジンの工場として誕生したものであるが、増産体制のために戦時中にエンジンの生産は三鷹製作所に移った関係で、補機や治具などの生産工場が残されたほか、設計や実験などを中心とした技術者による集団となっていた。戦後の活動では、企業経営の経験を持つ人がいないこともあって、技術がありながら、それをどう生かすか長期的な展望を持つことができずに、苦しい経営をつづけていたのだ。

　荻窪工場に代わって新たにつくられた中島飛行機の武蔵野地区につくられたエンジン工場は、アメリカ軍による空襲を集中的に受けて壊滅的な被害を蒙っていた。しかし、荻窪工場のほうは、規模も大きくなかったせいか、空襲の被害は軽微であった。

　戦後は、とりあえず活動できるものとして、映写機の製造、さらには各種の汎用エンジンなど、その場しのぎの仕事をこなしていた。

　戦後すぐにつくったのは、漁船用の6〜8馬力程度の小型エンジンで「栄光」及び「栄福」と名付けられた。

　このエンジンは陸軍の戦闘機である「疾風」などに使用された18気筒の空冷複列星形の「誉」エンジンの単シリンダーを用いてつくられていたものだった。手持ちの機械を使って容易につくることができたのだ。「栄福」は、ガソリンの入手が困難な時代であることを考慮して、軽油を燃料とする機構に変えたものであった。

　富士精密は、いろいろなものに手を出したが、いつも資金繰りに追われていた。戦後5年以上経過しても、戦災により破壊された天井部分は屋根がむき出しのままで修理もしていなかった。

　富士精密でも、戦後すぐに自動車をつくる案が検討された。代表の新山春雄が外国車販売の大手である梁瀬長太郎に相談してみたが、「いいエンジンをつくれるだろうけど、自動車となるとねェ」と

「誉」の単シリンダーエンジンの「栄光」

戦後の一時期を支えた映写機

言われ、ガソリンの供給もままならないこともあって、すぐに諦めた。かわりにつくったのが自転車の空気入れであるが、これはよく売れたという。いずれにしてもエンジン屋ばかりの所帯で融通がきかないところがあったのだろう。

■ガソリンエンジンの開発に関する交渉

　1950年9月に、自動車用ガソリンエンジンの開発依頼の話が「たま」から持ち込まれ、「たま」と富士精密による交渉が始まった。「たま」側の出席者は社長の鈴木里一郎、専務の外山保、技術部長の田中次郎だった。富士精密のほうは、中島時代にエンジン研究部長をしていた代表取締役専務の新山春雄、飛行機用エンジン開発で手腕を発揮した技術部長兼営業部長の中川良一、それにエンジン実験部長で製造工場長の上田茂人だった。

　「たま」側は、交渉に先立って、試作すべきエンジンの仕様は、水冷4気筒ガソリンエンジンで、1500cc、圧縮比6.5、最高出力40馬力/4000回転、エンジン重量160kgという基本的な性能について決めていた。また、試作エンジンの完成は1951年5月、試作は3基という計画で、クラッチとトランスミッションもエンジンと同時に富士精密で開発するというものだった。

　このエンジン仕様は「たま」自動車の意気込みを示すものだった。

　この当時のトヨタのエンジンは1000ccで30馬力程度、日産のダットサンは860ccで25馬力程度、オオタは905cc27馬力程度だった。この時代の小型車のエンジン排気量は1500cc以下と決められていたが、実際には1000cc以下のエンジンしかなかった。したがって、1500ccエンジンができれば、もっとも性能の良いクルマをつくることが可能だった。トヨタや日産も、小型車の上限である1500ccエンジンを開発したい気持ちがあったにしても、苦しい状況のなかでは不可能だった。1500ccクラスはぽっかりと空いた状態になっており、チャンスと見たのだ。

　このほかに水冷ディーゼルエンジン1500cc、26～28馬力という案も事前に「たま」の内部で検討されたようだが、富士精密と

東京・荻窪の富士精密本社

の交渉の前に、鈴木がガソリンエンジンだけに絞ることを決めている。これも、石橋の意向であろう。

「たま」側は荻窪工場を訪れて、いまさらながら会社の規模の違いを感じたようだ。従業員数は「たま」の2倍以上で、企業の組織も確立しており、いかにも伝統のある技術を売りものにした会社であるという印象を受けた。

■富士精密は最初は熱心でなかった!

富士精密でも自動車には興味を抱いていたものの、「たま」の申し出に初めはそれほど乗り気ではなかった。

富士精密で実際にエンジンの開発部門を統轄する中川良一も、この話をそれほど喜んでいなかった。自動車用エンジンを開発するのはやぶさかではないが、どうせなら中島飛行機グループの会社と組みたいと考えていたのだ。そこで、バスボディを製作している群馬県の伊勢崎工場の富士自動車工業の首脳陣に、ガソリンエンジンに興味がないか打診してみたのである。ところが、まったく反応がなかったので、「たま」と組むしかないと考え直したのだった。実際には、伊勢崎では後にスバル360を開発する百瀬晋六を中心にして、真剣に検討されていたのだった。富士自動車工業内の意志疎通が悪かったのか、中川が接触したのが的はずれな人だったのかも知れない。もし富士自動車工業と組むことになれば、プリンス自動車は誕生していなかったし、後の富士重工業も異なる姿になっていた可能性がある。

「栄」や「誉」という中島飛行機を代表するエンジンを設計した中川良一は、このときはミシンの営業も担当しており、技術者でありながら慣れない会社経営に関わっていた。飛行機をやるつもりで中島飛行機に入ったからには、将来もできれば飛行機やロケットなどの先進的な技術の追求をしたかった。このときも、まだその思いが強かったから、自動車への関心はそれほどなかった。これは中川だけでなく、富士精密のなかの技術者の共通した思いだった。

プリンス自動車の歴史に関するいろいろな記述のなかには、「たま」からのエンジン開発の申し出に自動車をやりたいと思っていた中川が渡りに船と応じたと書かれているものが多いが、それは正しくないようだ。後に自動車メーカーとして立ち上がったので、そのほうが辻褄が合うからであろう。

しかし、「たま」からの依頼があった当時は、このことがその後の自分たちの運命を大きく変えるものになるという認識は持っていなかった。いくつかある仕事のひとつという捉え方をしていたようだ。

実際にはこの5年後の1955年にヨーロッパの機械工学を視察した際に、飛行機など
より自動車メーカーのほうがはるかに活気があることを知った中川は、やはり自動
車をやるしかないと思ったと本人自身が語っているように、それまでは迷いがあっ
たのだ。

　交渉の中で、新山は「前金で支払うなら考えよう」と発言した。また「やるにはやる
が、途中で放り出すかもしれないよ。そのときは図面を返すから」とも言っている。
しかし、「たま」のバックに石橋正二郎がいることもあり、この話自体は、富士精密
にとって魅力的なものだった。

■前払いの開発資金の600万円で決着

　交渉が成立したのは11月になってからだった。「たま」側が要求するエンジンの仕
様については、富士精密側でも了承したが、具体的な開発費用について話し合いが
行われた。

　「たま」側の提案は、3基から5基に増やした試作エンジンの完成に対して461万円を
支払うことにしたいというものだった。これに対し、富士精密のほうでは750万円に
して欲しいと反論した。開発にかかる時間と、時間あたりの工賃を計算して開発の
費用がはじき出されたわけだが、開発にかかる時間の計算に違いがあったようだ。
中をとるかたちで5基分のエンジンに対して600万円で決着したのである。さらに、
エンジン完成後は月産100基を1基につき10〜11万円で生産することも決められた。

　完成予定は翌1951年5月と決められたが、これは双方とも無理な日程であることは判っ
ていた。「たま」の方では少しでも早くしたいと無理を承知で要求したものだった。

■石橋が富士精密の株主になる

　この富士精密に支払う600万円を融資してもらおうと「たま」の外山は、石橋のとこ
ろに赴いた。しかし、石橋は引き受けなかった。

　安易に融資が得られると思うようでは甘やかすことになると石橋は、外山に対し
て厳しく接する必要があると考えたようだ。自分たちで資金をつくる苦労をさせよ
うとしたのである。そのため、外山は朝鮮特需で入ってきた現金の多くを富士精密
に支払わなくてはならなかった。

　石橋は、富士精密に融資することを考えていた。エンジンの開発で「たま」と提携
することになる富士精密について、石橋は事前に調査した。その結果、中島時代か
らの大株主であった日本興業銀行が富士精密の株を手放したいと思っていることを

知ったのだ。国の持ち株整理委員会が、興銀に富士精密の株を手放すように勧告しており、株式の購入先を探そうとしていたのである。

石橋が引き受ければ二つ返事で購入できるものだった。富士精密は経営状態が良くなく、必ずしも有望株ではないかも知れないが、技術力があることは魅力的だった。石橋が富士精密の資本金5500万円のほとんどを買い取りオーナーとなったのは1951年4月、エンジン委託製造の契約が成立してから5か月後のことである。

「たま」のときより、はるかに大きな買いものである。

次々と新しい事業を開拓して、石橋財閥といわれるほどの実績を残してきた石橋正二郎にとって、自動車メーカーを興すことは大きな夢であり、良いチャンスが訪れたと思ったことだろう。石橋が富士精密の株を取得したときには、「たま」との合併を考えていたようだ。

実際に合併するのは、3年後の1954年4月のことであり、合併の契約書が取り交わされるのがその前年の11月である。その間に紆余曲折があったにしても、ことは石橋の思いどおりに進んでいる。

富士精密にエンジン開発を依頼することになった一連の経過のなかで、石橋が「たま」のオーナーで会長である立場からすれば、富士精密に対しては「たま」に軸足をおいて行動することが当然であろう。しかし、すぐに富士精密の株を買い、ブリヂストンに来た仕事を富士精密のほうにまわしたりと、「たま」よりも富士精密のほうを考慮する行動をとっている。

このときに富士精密に肩入れしたのは、自動車メーカーになるにはエンジン技術の重要さをよく認識していたことと、先進的な技術を持っている技術者がいたからであろう。「たま」との関係がないとしても、その株式が売りに出されていることを知ったら、購入を検討した可能性があるように思われる。

1951年春に石橋は、富士精密に新しい仕事を持ち込んでいる。

当時、ブリヂストンでは自転車を製造しており、その関連でゴムホイール伝導方式の小型エンジンの製造の話が持ち込まれたが、石橋の判断で富士精密に開発・生産させることにしたのだ。1948年に設立された本田技研工業は、自転車に取り付けて走ることができる小型エンジンを製造、この販売を伸ばしたことにより、発展のきっかけを掴んだ。それと似たような企画である。

富士精密は、模型エンジンを参考にして16ccエンジンをつくり、その後すぐに50ccエンジンの製品化に成功、通産省から補助金が交付されることになった。「バンビー号」と名付けられて1952年1月からブリヂストンのチャンネルで販売を開始した。

50cc以下の原付二輪車は許可制で乗れる規定になり、自転車に取り付けるだけでオートバイに近い性能になることから、販売が大きく伸びた。富士精密の工場内には、このエンジン製作のためのラインが設置された。

50ccエンジンの組立ライン

　これが、ブリヂストンが二輪メーカーになるきっかけとなったものである。その後エンジンは改良が加えられて、最盛期には月4000基ほどつくられた。富士精密の経営を助けた製品のひとつになったのである。もちろん、「たま」から依頼されたガソリンエンジンの開発は、これとは別に並行して進められた。しかし、その開発は必ずしも順調に進んだとはいえなかった。

■中島飛行機の伝統を引き継ぐ富士精密

　エンジンの開発経過に触れる前に、中島飛行機のエンジン部門のことから、富士精密の戦後についてふりかえってみよう。

　中島飛行機が操業を開始したのは1917年（大正6年）のことだが、エンジンの製造も手がけるようになるのは、その7年後の1924年である。それまでは海外から出来合いのエンジンを購入して搭載したり、軍部から提供されたものを使用していた。飛行機は、軍用として明治時代から使用されるようになり、ヨーロッパから購入した機体をまねて国産化を開始したが、エンジンの製造は簡単にできることではなく、初期の段階では購入したものを使用するしかなかったのだ。

> 　日本の場合は、早くから飛行機が軍用に使用されたせいで、民間の需要が中心の自動車の生産より早めに国産化が進んだ面がある。欧米では、自動車技術が一般化した後に飛行機がつくられるようになったので、自動車のエンジンを開発したメーカーが、同じレシプロエンジンなのでその技術を応用して、飛行機用エンジンの製造をするようになり、比較的順調に進められた。
> 　日本では自動車が普及するまえに中島飛行機が操業を始めており、エンジンの製造技術を学ぶ機会は限られていたのである。そのために、まず機体の開発と製造が先に行われ、それがある程度軌道に乗ってからエンジンのほうに目が向けられた。これは欧米の技術に追いつこうとした日本の特殊事情のゆえだった。

　中島飛行機のエンジン設計と製作のための工場は、東京の荻窪につくられた。中島知久平の故郷の近くである群馬県の太田が本拠地だったが、関東大震災のときに交通が遮断され、連絡がなかなか付かなくなったことに懲りて、東京に拠点をつくる必要を感じたことで、この地が選ばれたのである。

　最初は小規模だったが、エンジン工場が建てられて陣容が整備された。創業当時からの幹部である佐久間一郎が工場長になったが、エンジン技術者は海軍の広工廠からスカウトされた。陸海軍では技術将校を中心にして、飛行機の設計や試作などを手がけており、欧米の飛行機メーカーとエンジンの製造に関してライセンスを取得してつくった経験を持っていた。

　さらに、充実を図るために、国立大学工学部で、日本における最高のエンジン技術教育を受けた優秀な若者が中島飛行機に入社するようになり、彼らが設計の中心になった。「たま」との交渉に当たった新山や中川がその代表である。

　太平洋戦争に突入する直前からは、国立大学の技術系の学生は、卒業に当たって本人の意思に関係なく、飛行機メーカーに優先的に割り当てられ、中島飛行機には日本の最高レベルの教育を受けた成績優秀な人たちが入社してきた。

　エンジンの国産化は、まず海外のそれを模倣することから始められ、技術が習得されていく。中島飛行機でも、最初はフランスのロレーヌ社のエンジンをライセンス生産することから始めた。

　使用される機械類はアメリカやドイツから購入し、生産を開始したのは1926年からであった。ロレーヌエンジンの製造を軌道に乗せるためにその前年の1925年にはフランスから技術者を招聘して指導を仰いでいる。

　中島飛行機でエンジンの自主開発に乗り出すのはこの直後のことだが、国立大学の機械工学科で学んだ俊英とはいえ、経験の浅い若手には荷の重いことだった。しかし、彼らに期待するしかなかったのだ。それを補うために、中島飛行機ではイギリスのブリストル社やアメリカのカーチスライト社、プラット&ホイットニー社などとライセンス契約を次々に結んでいる。

　中島飛行機で独自に開発して最初に成功したのは、ブリストル社の空冷星形エンジンのジュピターを手本にした「寿」である。水冷V型エンジンは三菱も含めて完成度の高いものをつくるのがむずかしく、日本では空冷星形エンジンが

零戦に搭載された「栄」エンジン

飛行機エンジンの主流になった。「寿」と命名されたのはジュピターを手本にしたからで、この後はその発展型と言える「栄」や「光」や「護」がつくられた。

1000馬力空冷星形14気筒の「栄」は、零戦などに搭載され、中島飛行機のなかでもっとも成功したエンジンである。

その後、空冷星形複列の18気筒「誉」がつくられた。これは2000馬力を目標にして大馬力エンジンのわりには小型化されたもので、航空機用としての理想を追求したものだが、コンパクトにまとめると冷却や潤滑などが苦しくなり、トラブルの出やすいエンジンだった。

■中島の飛行機用エンジンは空冷だった！

技術は長い経験と試行錯誤、それに地道な追求とセンスが要求される。飛行機用エンジンは何よりも信頼性のあることが条件だったが、性能とのバランスを取るのは簡単なことではなかった。

中島飛行機はエンジンの機構に関してはイギリスのブリストル社に学び、その製造方式ではアメリカのライト・サイクロン社に学んだ。

初期の一時期をのぞけば、中島飛行機では一貫して空冷エンジンを生産した。それも星形エンジンである。自動車エンジンは水冷直列型が主流であるから、このあたりは大きな違いだった。

富士精密で「たま」との交渉に出席した技術部長の中川良一は、「栄」の改良型の設計を担当したときは27歳という若さだった。中島飛行機は、優秀な若手を積極的に登用したといわれているが、それは会社自体が急に大きくなったために優秀な人材を長い時間をかけて育成することができなかったせいでもある。

中川は1941年12月に日本軍が真珠湾攻撃によってアメリカと戦争を開始したとい

戦後の中島飛行機の各工場と主要製品

商　号	工　場	主要品目	本社所在地
富士工業株式会社	三鷹工場・太田工場	スクーター、小型エンジン他	東京都三鷹町
富士自動車工業株式会社	伊勢崎工場・小泉工場	自動車ボディ他	群馬県伊勢崎市
宇都宮車輌株式会社	宇都宮工場	車両の製造、修理	栃木県宇都宮市
愛知富士産業株式会社	半田工場	車両、織機、自動車部品	愛知県半田市
富士機器株式会社	前橋工場・大谷工場	自動車部品他	群馬県前橋市
岩手富士産業株式会社	岩手工場	製材、木工品他	岩手県黒沢尻町
富士精密工業株式会社	荻窪工場・浜松工場	小型エンジン、精密機器、ミシン	東京都杉並区
大宮富士工業株式会社	大宮工場	小型エンジン、軽車両他	埼玉県大宮市
富士機械株式会社	沼津工場・三島工場	船用エンジン、バリカン他	静岡県沼津市
田沼製材工業株式会社	田沼工場	家具、建具	栃木県田沼町
株式会社富田機器製作所	四日市工場	水産加工機械、釘類	三重県四日市市
東京富士産業株式会社	―	各種販売	東京都新宿区

うニュースに接したときに「なんてバカなことをするんだろう」と思ったと記している。アメリカの技術が日本よりはるかに進んでおり、総合的な工業レベルでも大きくリードされていることをよく知っていたからである。

1945年4月の段階では、中島飛行機は疎開工場を含めて500を数える工場をもち、敷地ののべ面積は1077万坪、建物床面積70万坪、機械台数3万台、従業員数25万人と、三菱グループに匹敵する規模の大企業となっている。軍部の要請に応えることで発展してきたのが中島飛行機の特徴であり、真っ先に軍需工場に指定され、終戦間際には国家管理になり、株式会社ではなくなっている。

終戦直後の1945年8月26日に軍需工場制が廃止になり、中島飛行機は正式に国家管理の枠組みから解放された。それは、自分たちで勝手に先のことを考えろということだった。

進駐軍がやってくることに備えて、軍事秘密などの資料や航空機の図面などの焼却、機械類の整備などの戦後処理が各製作所単位で行われていた。これからどうなるのか、本当のところは誰も判らなかった。戦後復興がすぐに軌道に乗るだろうという楽観論とアメリカ軍により蹂躙されるのではないかという悲観論が入り交じっていた。いずれにしても、生きていく準備をしなければならなかった。

不安のなかで、中島飛行機は8月に入って会社の定款を平和な事業をするものに変更し、会社名は軍需産業のにおいがしない「富士産業」に改められた。

　　同じように占領軍から分割指令が出て、三菱も地域的に分割されたが、中島飛行機との違いは戦時中から抱えていた技術者の多くがそのまま残ったことだった。敗戦によっても三菱という財閥グループの求心力が失われることはなかったが、中島飛行機は軍需産業しかなかったために一挙に存在意義が失われた感じがあり、中島知久平が公職追放されて影響力も失われ、バラバラになる運命にあった。

　　同じ中島でも工場によって違いがあったし、敗戦時にどこにいたかによって個人の運命も大きく左右された。例えば、中島生え抜きの重役としてエンジン工場の立ち上げ時から中心的に活動していた佐久間一郎は、三鷹にある工場の疎開先である現在の都下高尾の地下につくられた浅川工場で終戦を迎えたために、残務整理をした後に中島を去らざるを得なかったのだ。にわかづくりの規模の小さい不便な工場だったから、戦後に新しい事業を興すことなどできずに解散する以外に方法がなかった。同様に、立川飛行機にいた高々度攻撃機を設計していた長谷川龍雄は、終戦時に金町にあった工場にいたために、立川工場の人たちとともに行動することができずに、見捨てられるように自分の身の振り方を考えざるを得ない状況になり、トヨタに入社しパブリカやカローラの開発を手がけた。

　　中島飛行機の各製作所でも、終戦時にそこにいた人たちが残務整理をするかた

ちで残り、そのほかの人たちは切り捨てられるしかなかった。それは、本人たちの能力とそれまでのつながりに関係ないことだった。中島飛行機のエンジン関係の技術者の多くも、荻窪に終戦時にいた人以外は去っていった。そのなかで中村良夫や工藤義人などは本田技研に入りホンダのエンジン技術の向上に貢献した。戦後に急成長したホンダが、放り出された技術者の受け皿の役割を果たし、技術力を高めることができたのである。また、トヨタや日産にも戦後は軍関係の技術者や飛行機メーカーの技術者がかなり多く雇用されて、モータリゼーションの発展期に重要な働きをしている。

　荻窪製作所と浜松製作所がひとつの企業として認可されるまえから、富士産業荻窪工場で新山春雄が工場長として実権を握り活動していた。新山より上の人たちは、公職追放などでいなくなったからである。1927年入社の新山は、大学新卒組のなかでは古参で、技術も人間も懐が深く、繊細でありながら豪胆なところがあると評されていた。長く実験関係の部署にいて、若いエンジン設計者たちの足りないところを補う重要な働きをし、多くの技術者に慕われていた。

　1946年10月の時点で荻窪工場に所属する従業員は1086名だった。しかし、技術者を中心とした集団だったから、戦後の企業経営という点では「武士の商法」的な面が多分にあって、企業として安定していなかった。

　もう一方の浜松製作所のほうは、ミシンの製造が軌道に乗り、経営状態も良かったから、富士精密はそれに助けられた面がある。

　浜松製作所は1942年に中島飛行機の増産体制を図るために新しくつくられた工場で、陸軍機用エンジンの製作をしていた。規模はかなり大きかったが、終戦と同時に縮小整理されて、わずかに100人余が近くの工場を借りて独自に仕事を始めたものである。近くに織物工場があり、ミシンやディーゼルエンジンの生産を始めた。

正面から見た浜松工場

戦後の占領政策の一環として労働組合の結成が奨励され、浜松製作所にできた組合との対立の責任をとり工場長が辞任するなどしばらくは混乱が続いた。

　その後、労使の話し合いにより富士産業の三鷹工場にいた天瀬金蔵を工場長に迎え入れることになった。

浜松工場のミシンの生産ライン

浜松工場でつくられたディーゼルエンジン

大学卒業と同時に中島飛行機に入社した技術者が多かったが、天瀬は東京大学機械工学科を卒業し、豊年製油に入ったのちに中島飛行機に転籍した経歴を持っていた。その間にいろいろな経験を積んでいて、視野の狭い技術者とは異なっていた。中島飛行機では生産管理や工務関係の仕事をしていたが、浅川の疎開工場の残務整理をした後に三鷹工場に身を寄せていた。したがって、このときに浜松製作所に行っていなければ、天瀬は富士精密ではなく、富士重工業に所属したことになる。

浜松製作所は1947年から本格的にミシン生産を開始、軌道に乗った。リズムミシンという名で業界4位の実績を上げ、生産台数は年々増えていった。エンジンの生産技術が、ミシンの製造に生かされたのである。1950年には2万台を超え、さらに増え続けてピークの1953年には6.4万台に達している。高速ミシンやジグザグミシンなどの新製品を開発したことが大きかった。

富士精密になってからもミシンが好調な売れ行きを示した。

■石橋会長・新山専務の体制になる

1950年の富士精密の成立時の従業員数は荻窪と浜松を合わせて1000人余、土地1.5万坪、建物1.9万坪、さらに工作機械647台、その他の機械類400台などだった。このうちの土地と建物さらには両工場内にあった材料や仕掛品、製品などの資産合計が5500万円と計算された。これらは富士産業から現物出資というかたちで資本金として計算された。このときにその資産を所有していたのが日本興業銀行だったから、富士精密のオーナーは興銀であり、取締役と監査役が興銀から派遣されていた。代表は新山春雄専務で、浜松の天瀬金蔵が常務になっている。

しかし、1年足らずの間に資本の移動により、オーナーは石橋正二郎となり会長

に就任し、重役陣も改選されている。社長には石橋と近い団伊能が就任し、取締役にも柴本重理や石橋幹一郎などブリヂストン系の人たちが就任している。新山専務と天瀬常務はそのままだったので、実質的な組織体制は維持された。

これにより、富士精密は、日本興業銀行が株を所有する、そのほかの旧中島飛行機系の企業とは完全に袂を分かつことになった。ちなみに、初代の富士重工業の社長は興銀から派遣されている。

石橋体制になって、石橋が富士精密に対して最初に指示したのは、工場の建物の修理だった。富士精密の工場の建物の屋上には草が生え放題であり、建物のあちこちが痛んだままになっていて、陰気でうらぶれた感じがあった。

戦災のあとをとどめた見苦しい屋根などをいくらかでも見てくれをよくしなくては、銀行からの融資を受けたり、購買相手との交渉がスムーズに行かないと考えたからだった。

1952年5月には、増資により7500万円の資本金となり、6月には1億円の資本金となった。さらにこの年の8月には、石橋正二郎所有の10万株が証券会社に譲渡され一般公開された。プリンス車の人気のせいもあって、株価は高値となった。株式の公開により、8月の取締役会で倍額増資を決定、1952年11月には新しく資本金は2億円となった。石橋の資本が入ることによって、富士精密は安定した企業になることができたのである。

浜松製作所全景

第4章 富士精密によるガソリンエンジンの開発

■プジョーエンジンを参考に開発スタート

「たま自動車」向けのガソリンエンジン開発に際しても、石橋正二郎は大きな貢献をしている。エンジン開発の参考になれば、と手持ちのプジョー202の提供を申し出たのである。1939年型であるが、当時としては先進的なオーバーヘッドバルブ(OHV)型エンジンであった。

実は、このプジョーは石橋が自動車事業に進出を計画して調査し、その参考にするためにわざわざフランスから購入して取り寄せたものだった。戦争が激しくなり、乗用車の生産ができなくなって、この計画は放棄せざるを得なかったのだが、10年以上あとになって役に立ったのだ。

富士精密によってガソリンエンジンの開発が始められた1950年といえば、戦後5年目で、欧米でも自動車生産を軌道に乗せることを優先して、技術的進化はあまり見られなかった。そのため、1939年型プジョーのエンジンメカニズムは古めかしいものになっていなかった。1930年代の後半には、エンジンの多くは性能的には劣るもののシンプルでつくりやすいサイドバルブ(SV)式が主流であったが、進んだメーカーはオーバーヘッドバルブ(OHV)型を採用するようになっていたのだ。

ちなみにトヨタでは戦前からの普通トラック用エンジンはOHV型であり、戦後に小型車用に開発した1000ccエンジンはSV式だった。日産は普通トラック用も小型のダットサン用もSV型エンジンだった。

19世紀から自転車などの機械製品をつくっていたフランスのプジョーは、20世紀

初頭から自動車部門に進出した。伝統があり、先進的な技術を実用化すると同時に着実で手がたいメーカーとして知られていた。

　富士精密が開発の手本にしたこのOHV型エンジンは、ウエットライナー式を採用していた。この方式はシリンダーに挿入したライナーに直接冷却水が触れる機構なので、エンジンの冷却が確実になるメリットがあった。しかし、一方で機構的に複雑になり、エンジン自体が大きくなりがちで重量も大きくなるデメリットがある。つまり、コストの削減より確実性を優先した手がたい設計のエンジンだった。

　富士精密では、このエンジンがなければ、どのように設計するか、ということから検討しなくてはならないところだった。

　自動車用エンジンは、戦後すぐの段階でGMの払い下げエンジンを軽油が使用できるヘッセルマン式に改造したくらいのもので、経験はほとんどないも同然だった。飛行機用エンジンは回転を上げるより排気量を大きくして出力を上げることが先決で、「栄」は27.9リッター14気筒、「誉」は35.8リッターの18気筒だった。いずれも空冷星形で、エンジンの基本原理は変わらないにしても、自動車用の水冷式エンジンとは機構的に異なるものだった。

　そこで、開発に当たってはプジョー1200ccエンジンをできるだけそのままコピーして図面化することになったのだ。

　「たま」との契約が成立したのは11月8日で、このプジョーエンジンが富士精密に持ち込まれたのが11月11日、わずか3日後のことである。契約成立を待って運ばれたのだ。

　設計に当たっては、新山は「見本どおりにつくるように」という指示を出した。

　すべてのエンジンの部分やパーツなど独自の判断を加えずにそっくりまねをしろという意味だ。

　これは中島飛行機時代のエンジン開発から得た貴重な教訓だった。欧米のエンジンメーカーからライセンスを購入して製作した経験から、見本となるそれらのエンジンと異なる設計をしたところが、必ずと言っていいほどトラブルの原因になった。補機類の設計や実験を担当した新山は、自分でそうした苦い経験を持っていたのだ。

　設計する立場からすれば、すべてまねするのではなく、自分たちのアイディアを盛り込んで、見本以上の性能のエンジンに仕上げたいという野心がある。どちらかといえば、中川はそうした自主性のある設計をするように指導したかった。「栄」や「誉」の設計を通じて、エンジン技術では欧米に追いついたという意識を持っていたからだ。しかし、長年の経験で新山は、それが命取りになると考えたのである。

これは必ずしも富士精密の技術的レベルだけが低いことを意味するものではなく、当時の日本の全体レベルがそうだったといえる。新山の指示には背伸びをするなという意味があった。

エンジンは、すべての部品とシステムの全体のバランスがとれていないとトラブルが生じる。試行錯誤により進められるエンジンの開発は、経験がものをいう世界である。先人たちの経験を生かすことでムダな試行錯誤を繰り返さないようにしなくては時間がいくらあっても足りない。欧米の技術者たちも、最初はものまねから出発しているのだ。まねされるくらいの良いエンジンは、トラブル対策が進められ耐久性・信頼性が確立している。

トヨタの最初のトラック用エンジンは1933年に開発されたが、直列6気筒のシボレーOHV型エンジンをそっくりコピーしたもので、これを少しずつ改良していく過程でエンジンについて学んでいったのだ。戦後になって、独自に1000ccエンジンを開発したものの、シンプルだが性能的に限界のあるSV式を採用している。これもヨーロッパの実績のあるエンジンを参考にしてつくられたものだ。

日産の場合は、戦前のトラック用エンジンはグラハムページ社の設計したものであり、ダットサン用エンジンは、前身であるダット自動車で開発したものを受け継いで排気量を大きくするなどしたものであった。したがって、1950年の段階では飛行機用エンジンの経験しかない富士精密が、それほど遅れているとはいえなかった。ただし、自動車エンジンについての経験がないことは大きなハンディキャップであった。そのマイナス面をどう補って開発するかが問われていたのだ。

■開発スケジュールの遅れにつのる「たま」のいらいら

契約に基づいて、富士精密のエンジン開発プロジェクトに加わったエンジニアがまずプジョーエンジンのスケッチから始めた。しかし、この作業はわずか数人で行われた。富士精密の技術者は、各種エンジンの改良やメンテナンス、販売した製品のトラブル対策などに追われて、人員を割くことができなかったのだ。

その間にも労使の対立があってストライキに突入するなど、開発が遅れる要素がいくつも重なった。富士精密の労働組合は総評系の全金属労組に加入しており、比較的先鋭でストライキをすることが多かったのだ。

実は、保険をかけるように「たま」では、もうひとつ別のエンジンを入手してテストを始める用意をしていた。

これは、日本内燃機で製作しているくろがねオート三輪用の空冷V型2気筒1000ccの26馬力エンジンである。このエンジンを「たまジュニア」のボディを改造して搭載すれば、電気自動車の場合はバッテリーがかさむので車両重量が1200kgを超えてし

まうが、軽いガソリンエンジンでは736kgにしかならず、最高出力は85km/hに達する計算だった。この性能を発揮すれば、トヨタの乗用車にはかなわないにしても、ダットサンやオオタ号には充分に太刀打ちできるものだった。これはこれで、開発を進めようと計画した。

しかし、この計画は数か月のうちに断念せざるを得なかった。仲介してくれるはずの元トヨタ自動車副社長の隈部一雄が病気になり、日本内燃機でも労働争議になったりしたためで、やはり富士精密で開発するエンジンに賭けるしかなかったのだ。

そうこうするうちに、石橋から前に触れた自転車に搭載する小型エンジンの話が持ち込まれて、そちらのほうにも富士精密では技術者を割かなくてはならなくなった。余計にこのエンジン開発の進行は遅れがちになった。

「たま」のほうでは気が気ではなく、遅れ気味の開発に業を煮やした外山がどなり込んだりすることもあった。しかし、なかなかからちがあかなかった。やがて「たま」のほうから応援の技術者を派遣することになった。

■少人数による開発チームの動向

このガソリンエンジン開発プロジェクトが、富士精密にとって重要なものであるという認識があったから、かつて中島飛行機に在籍した技術者のうちで、この仕事にもっとも必要と思われる岡本和理に戻ってくるように要請していた。

1939年に東京大学機械工学科を卒業して中島飛行機に入った岡本はエンジン設計にかかわり、気筒班に所属し、性能にもっとも関係する動弁系の設計を担当していた。戦後になって中島飛行機をはなれ、生まれ故郷の山口県に帰り、その後、名古屋にある大同製鋼に勤務していた。

1950年11月に富士精密から岡本のところに連絡が来たが、岡本はすぐに動かなかった。エンジンの開発に興味を持っていたものの、結核にかかって体力に自信がなかったことと、大同製鋼での仕事を続けようと思っていたからだ。しかし、富士精密のほうは諦めなかった。当時は電話で話をするのも容易ではなく、電報がよく使われた。すぐ来て欲しいという電報が頻繁に打たれた。

その意味が良く分かる岡本が重い腰を上げたのは、翌年の4月のことだった。故郷の山口に妻子を残して名古屋の大同製鋼に単身赴任していたが、家族をともなって上京することにした。

富士精密に出社した岡本は、職場の雰囲気が昔の中島飛行機のままであるという印象を受けた。違っているのは、労働組合ができていることと会社のなかが貧乏くさくなっ

ていることだった。戦後5、6年経った頃は、どこも貧しくて建物も木造が多かったもの
の、富士精密は新卒者が就職するのをためらうほどのひどさだったのだ。

　さっそく「たま」から依頼されたエンジンの開発に加わった。これ以降、1950年代
の富士精密からプリンス自動車のエンジン技術の中心になるのが岡本である。

　東京大学工学部を最優秀の成績で卒業した中川良一は、エリート中のエリートと
して最初から嘱望されており、若い頃から設計部の中心的な人物として活動し、幹
部になっていた。中川をはじめとする富士精密の技術者の多くは、優秀な成績で国
立大学を卒業してすぐに中島飛行機に入り、エンジン一筋に歩んできた人たちが多
かった。中川は、ひらめくような素早い判断力と都会的なセンスを持ち合わせてお
り、カミソリのような切れ者だった。それだけに苦労を知らない面があった。岡本
も中川の後輩に当たり、同じくエリートだったが、じっくりと着実に仕事をこなす
タイプで、泥くささもいとわず、技術の追求に興味を持っていた。中川がカミソリ
とすれば、岡本は鉈にたとえることができるだろう。

　岡本にいわせれば、ガソリンエンジンの技術は自然界のいろいろな働きを理解
し、先人たちの歩みをじっくりと検証して進めばいいもので、開発者は必ずしも頭
脳明晰である必要はないものだった。

　戦後の5年間、岡本は中島飛行機を離れて、他の企業で働くことで視野を広くして
いた。中島飛行機時代は、技術の向上のみに心を奪われていたが、民間の企業では技
術者といえども、コストのことを考えて設計しなくてはならないことを知った。これ
は、中島飛行機とその延長線上の富士精密にいただけでは判らないことだった。

　富士精密になってからの中
川は、エンジンの開発という
ひとつの部門を担当する技術
者ではなく、組織全体を指導
する立場に立っていたので、
このエンジン開発にうるさく
口を出すようなことはなかっ
た。

　中島飛行機は、もともと担
当するエンジンチーフが決め
られると、その上司でも口を
出すことはなく、チーフと

富士精密によってつくられた最初の1500ccFG4A型エンジン

なった技術者の裁量で開発が進められた。中島飛行機は、急速に大きくなったせいか、若手が中心だったこともあって、あまり経験のない技術者でもチーフになると、自分の考えを貫くのが当然のこととされた。本人が先輩の技術者に教えを請えば、誰でも親切に教えてくれたが、先輩たちが積極的に指導するようなことはなかった。多くの開発技術者は、一匹狼的な存在だったという。

> トヨタでは、社長となった豊田喜一郎や豊田英二などの創業者の一族が、それぞれに優秀な技術者であり、経営者だったので、開発する技術者はエンジンの場合で見れば、その仕様や性能目標値だけでなく、生産しやすいかとかコストがかかりすぎないかなど、メーカーにとって重要な開発はすべて枠をはめられたといっていい。組織自体にそうしたシステムが構築されていたのだ。
>
> その点、中島飛行機はなによりも優秀な性能のものをつくることが要請されており、コストは二の次だった。兵器という国家相手の仕事で、採算を考える必要はなかったことが原因だろう。
>
> 戦後になって、民間企業として生きていくことになった富士精密は、親方日の丸的な企業からの脱皮を図る必要があったが、もとからいた技術者が組織を中心的に動かしていたので、なかなか意識の転換が図れなかったようだ。

岡本がエンジン開発に加わることになった1951年4月には、ようやくエンジンの図面が完成しようとしているところだった。エンジンの完成は、約束では5月になっており、残すところ一か月もない状況だった。もちろん、とてもできるはずはない。しかし、遅れはなるべく少なくしなくてはならない。

岡本は、描き上げられた図面のなかで性能に影響する吸排気系統、とくにポートの形状やバルブのまわり、バルブタイミングに関する部分の図面を描き直した。

この時代の自動車用ガソリンエンジンは、リッターあたり30馬力を出すことが大きな目安になっていた。したがって、1500ccエンジンでは45馬力を出すことが競争力を持つエンジンになるから、プライドの高い富士精密は45馬力をめざしていた。岡本にとって、自動車用ガソリンエンジンの開発は、初めての経験であるが、シリンダーまわりの吸排気系のことならよく理解していたので、45馬力を出せるエンジンにするために、この部分に改良を加えたのだった。

■プジョーエンジンと異なる部分の設計は?

プジョーエンジンのスケッチから始めて、図面を担当していたのは中島飛行機時代からの製図工と若い技術者数人だった。新山から、ベースにするエンジンと同じにするようにいわれていても、そっくり同じにできないところがいくつもあった。

　第一、エンジン排気量はプジョーは1130ccだから450cc以上大きくしなくては1500ccに近いものにならない。プジョーエンジンのボア×ストロークは68.7×75mmであったが、このエンジンでは75×84mmと大きくしている。ボアとストロークの拡大比率がほぼ同じになっているが、シリンダーの大きさが異なると、それにつれて運動部品などは違うサイズや形状にしなくてはならなくなる。

　プジョーエンジンの圧縮比は6.8だったが、このエンジンでは圧縮比は6.5に設定された。圧縮比が高いほうが性能の良いエンジンになるが、逆に低く設定されたのは、「たま」側の要望によるものだった。当時のガソリン事情を考慮したもので、粗悪なガソリンの場合は、圧縮比が高いとノッキングなどの問題を起こす恐れがあったのだ。

　プジョーで使われているパーツのうち、日本ではできないものがあり、それは別のものに代えて同じ機能にする必要がある。たとえば、カムシャフトの駆動にはチェーンが使われていたが、日本でできるチェーンではクランクシャフトとカムシャフトをつなぐのに適当ではなかった。そこで、クランクギアとカムギアの間にアイドラーギアと呼ばれるギアを挟み込むことで、クランクの回転をカムに伝える方式にした。こうした変更点を加味して図面がつくられたのだ。

■エンジン部品の製作が始まる

　図面を描き終わると、試作部品の加工が始まる。図面さえできれば優秀な技能工がたくさんいたので、自社でつくる部品は何とかものにすることができるという自信が富士精密にはあり、それが大きな強みだった。そのほかには、点火プラグなど既存の部品で間に合うもの、従来からの取引先に注文を付ければ問題なくできるもの、きちんとできるかどうか判らないものがあった。

　試作工場で加工する部品に問題はないかのチェックをしながら、外注するメーカーとの接触が始まった。

　トヨタのように、エンジンを長いあいだ生産していれば、自社でできるものと部品メーカーに頼むものと決められており、取引先ができているから、そこに図面を持っていって打ち合わせをすればすむ。新規にエンジンをつくるにしても、それまでの取引を利用すればよいのだ。

　自動車用エンジンをつくったことのない富士精密は、自社でつくれるものはともかく、外注する部品に関しては、どこでつくってもらうか検討することから始めなくてはならなかった。バルブやピストンなどは、大田区蒲田にある町工場で、各種

エンジンの補修用にいろいろな部品をつくっていたから、そこに頼んだ。

　引き受けてくれると思って依頼しても断られるケースがあった。プジョーエンジンにはソレックス型キャブレターが使用されており、日本でそれをつくっているのは日立製作所だけだった。しかし、日立では取引先を限定しており、それぞれの分野でトップと2位のメーカー以外は相手にしようとしなかったのだ。もとの中島飛行機の流れを汲む富士精密といっても、日立からは二流メーカーとはつきあわないと、けんもほろろだった。

　しかたなく、中島飛行機時代から取引のあった日本気化器に事情を話して、ソレックス型キャブレターを新しくつくってもらうことにした。

　担当する日本気化器の技術者は若手で、なかなか性能の良いものにならなかった。'90年代になると燃料供給装置はすべてといっていいほどキャブレターから電子式燃料噴射装置(インジェクション)に代わり、安定した燃料と空気の混合ができるようになっているが、当時はキャブレターが性能を左右する重要部品だった。キャブレターの口径は45馬力を出せるエンジンの仕様に設計された。燃料は多く食うようになるが、性能のよいことが重要だった。

　岡本が開発に加わったときには、シリンダーブロックやヘッドなどの大物部品はすでに発注されていた。キューポラのある街として知られた埼玉県川口市にある鋳物工場である。トヨタや日産では、鋳物は内製しており、それなりのノウハウをもっていた。しかし、富士精密は中島飛行機時代から空冷エンジンしかつくったことがなかったので、水冷のシリンダーブロックのような複雑な形状の鋳物は外注せざるを得なかった。

　ところが、出来上がったシリンダーブロックの精度はよくなく、冷却水の通路などに鋳込んだときの砂がそのまま残っていたりした。このため、エンジンを組み上げて試験する際に冷却水の通りが悪くてオーバーヒートしたり、なかにある砂が流れてカムシャフトが焼き付くなどのトラブルに繋がった。このため、出来上がった鋳物を点検・洗浄し、修正加工するなどの作業をしなくてはならなかった。

■飛行機用工作機械で自動車用エンジンをつくる!

　富士精密には航空エンジン用の工作機械はそろっていたが、水冷の自動車用エンジンに必要な機械類の持ち合わせがなかった。シリンダーブロックのなかを長手方向に貫通させる潤滑用のメインのオイル通路を加工するにはガンボーリングマシンが必要であり、クランクシャフトやカムシャフトのベアリングを載せる部分の精密

加工のためにはラインボーリングマシンが必要である。

　本来なら、それらを購入すべきところだが、やりくりしながら経営している状態では無理だった。そこで、パイプを分割して鋳造する際に包み込むかたちにしてオイル通路を設置したり、面倒な手加工作業をするなどの対策を講じなくてはならなかった。このため、構造的に複雑なものになり、加工工程が増えた。こう

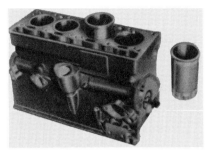

ライナーを別につくってシリンダーに
挿入するウエットライナー式エンジン

したハンディキャップは、ある程度量産されるようになるまで続いた。

　この後、トヨタや日産でも、それまでより排気量の大きいエンジンをつくるようになるが、いずれもライナーがシリンダーと一体のドライライナー方式のものだった。これに対し、富士精密のエンジンはウエットライナー方式であることが大きな特徴であった。冷却水が直接ライナーに接するから、その製作に当たっては耐摩耗性に優れた特殊鋳鉄製ライナーにすることができた。

　当時は、シリンダーの摩耗が激しく、エンジンはよくボーリングしなくてはならなかった。シリンダーの偏摩耗により気密が保てなくなり、性能が落ちてオイル消費が激しくなるので、シリンダーを削って真円の筒にし直すのだ。ピストンやピストンリングなどを交換しなくてはならず、ボーリングは大変な作業になる。

　ボーリングするにはエンジンを降ろさなくてはならないから、タクシーの場合はそのあいだ仕事にならない。クルマはほとんど休ませることなく走らせるから月に一度ほどの割合でボーリングの必要があった。しかし、富士精密のエンジンの場合は摩耗が少なく3か月に一度のボーリングですんだのだ。

　これは、市販してから大きなメリットとなった。後に述べるように、市販してからエンジンは多くのトラブルに見舞われて、その対策に追われることになるが、このメリットによりタクシー会社の評判が良かった。

■試作エンジンの完成を祝う

　すべての部品がそろい、エンジンの組立が始められた。シリンダーブロックにクランクシャフトを仮組みしてキャップボルトを締め付けた。とりあえずはエンジンが組み上がったことになるが、ここで、クランクをまわしてみるとまわらなかっ

た。原因はクランクシャフトの軸受けをはめ込む部分が、正確な円状にできておらずにゆがんでいたためだった。工作機械がないために無理して加工したからだった。しかし、富士精密には飛行機時代からの熟練工がいてカバー、修正して仕上げることができた。

　エンジンの試作第一号ができたのは1951年10月だった。組み上げられたエンジンは、荻窪工場内にあるエンジンベンチに架けられた。エンジンだけを単独にまわして不具合がないか、どのような性能になっているかを見るためである。初めてエンジンに火を入れてまわすことから「火入れ式」といわれる、開発のプロセスのなかでもっとも重要な儀式であり、テストである。

　エンジンは回り始めるとすぐにストップしてしまった。キャブレターからのガソリンの供給がスムーズでなかったのだ。そこで、外から燃料をキャブレターに吹きかけるように注入すると、今度は勢いよくまわった。とにかく何とか使えるエンジンになりそうだった。

　そこで、試作エンジンが完成したことを「たま」の人たちに伝えた。夜遅くなったが、外山保や田中次郎らが一升瓶を持ってやってきた。彼らが見守るなかでエンジンに点火された。テストしていたから、今度は一発でかかり、エンジンはスムーズに回転を上げていった。外山はこれで自動車がつくれると安堵した。

■テストもそこそこに車両に搭載する

　かつての中島飛行機では、試作エンジンができると、それから耐久試験を繰り返して悪いところを洗い出して改良を加える。設計変更すべき個所を見つけて性能を向上させ、信頼性のあるものにしていく。現在の自動車用エンジンでも同様である。このエンジンも当然そうした段取りを踏むと岡本は思ったが、それは「たま」のほうが承知しなかった。

　契約では5月にエンジン完成の計画だったが、それは無理ということで目標は9月に変更された。それよりも遅れての完成だった。すでにトラックの車体のほうは完成しており、エンジンが出来上がるのを待っている状態だった。

　この時代は、新開発のエンジンはいろいろなトラブルが出るのは当然のことだった。したがって、新しいモデルの開発では、すでにトラブルを克服し、安定して性能を示すエンジンを搭載するのが常識とされていた。車体のほうも新しいのだからトラブルが出る可能性が大いにある。それなのに、開発したばかりのエンジンを搭載したのでは、両方ともトラブルが出てしまって、どちらの開発も進まないことに

なりかねない。

　本来なら、富士精密でつくられたエンジンを熟成するために、既存の安定した走りを見せるクルマに搭載して走行テストを繰り返す必要があった。しかし、この場合、そんなセオリーどおりにすることは時間が許さなかった。

　そうでなくとも、計画が遅れ気味であり、外山は焦っていた。車体の設計と試作車づくりに技術者や作業員が、徹夜したりしてがんばったのだ。その努力をムダにしないためにも、エンジンはとりあえず「たま」製の新型トラックにすぐに搭載することになった。

　完成されたエンジンは、出力を計測すると目標の45馬力を上まわるものが多かったという。なかには48馬力に達するものもあったようだ。この時代は、個々のエンジンにより出力にバラツキがあり、2、3馬力の違いはあたりまえだった。カタログに載せるには最高出力が高いほうがアピールするので、上乗せした数字に代えることが検討されたが、当初の計画通り45馬力とした。

　エンジンとともに、富士精密でトランスミッションとクラッチもつくられた。

　この時代の変速機の多くはノンシンクロで、ギアをシフトする際には、エンジン回転を合わせなくてはならないものだった。エンジン回転を聞き分けてうまくシフトするには、それなりの技能が必要だった。そうした面倒な操作を必要としないのがシンクロ式で、今では当たり前のものだが、このころは新しい機構だった。

　これは、ヒルマンに装備されたものを参考にしてつくられた。これも非常によくできたもので、クルマを発売してから好評を得たものだった。見本を見ながらつくるといっても、それなりの技術レベルがないとうまくいかないのは言うまでもないことだ。

エンジンテスト風景

第5章 「たま」による「プリンス」号の完成と発売

■すべて新しい設計のクルマとして誕生!

「たま」でガソリンエンジンを搭載することになる新しい車体の開発が始められたのは1950年11月、エンジンの開発契約が富士精密と交わされたときだった。

電気自動車の設計に関わった山内正一や飯寺玄は、サービスエンジニアとして営業関係の重要な仕事に就き、開発の責任者は田中次郎、実際に設計を担当するのは日村卓也だった。

1500ccガソリンエンジンを搭載する車両の出力性能には、それまでの電気自動車とは大きな違いがあり、根本的に異なるクルマとして取り組まなくてはならず、すべて新しく設計することを意味した。

これまでとは比較にならない激しい競争のなかに身を投じて、欧米の優れたクルマと比較されて評価されることになり、本当の技術力が問われていた。

研究開発のためにプジョー203、ヒルマン、オペル、オースチン、タウナス、モーリスなどが借り集められた。本格的な企画の段階ではプジョー203が手本となった。

設計チーフとなった日村は、徳島高等工業学校(後徳島大学)を卒業して1939年に立川飛行機に入社している。入社からあまり経たないのに同社がロッキード社から製造権を取得した大型輸送機の製作のための図面づくりを命じられた。陸軍の輸送機として使用するために国産化することになったのである。

英語で描かれた図面をどっさり資料として渡されたが、国産化するにはすべて

の部品を日本のメーカーでつくれるような図面に描き直さなくてはならない。その責任が若い日村に押しつけられたのである。まだ23歳で立川飛行機に入って半年しか経っていない日村にまかせるのは乱暴な話である。しかし、1940年ごろは、そんなふうにことが進められていたのだ。全く新規に設計をするのなら、技術的に経験を積んだエース級の技術者が担当するが、ライセンス生産のものだから、基本的な素養さえあればできるはずだと思われたのかもしれない。それだけ技術者の層が厚くなかったのだ。

飛行機のなんたるかについての技術的知識がないまま、日村は無我夢中で取り組むしかなかった。自分より年上の製図工をつけられ、寝る時間も惜しんで図面化した。アメリカでは簡単に手に入る材料や部品で日本にないものは、どのようにするか、立川飛行機の技術者だけでなく、あらゆる伝手を求めて知識を集め図面に反映させた。

飛行機や自動車などの複雑な工業製品は、裾野の広い総合的な技術力に支えられている。いくらすばらしいメーカーがあって、優秀な技術者がいても、それを支える裾野が広くて高いレベルの技術力のある部品メーカーや、材料メーカーがなくては性能の良いものにならない。戦後の「たま」の時代になっても苦労していたのだから、日村が図面化に取り組んだころは、さらに大変だったのだ。尋常な鍛えられ方ではない。手にあまるようなむずかしい仕事になかば強制的に取り組むなかで技術力が養われ、困難に立ち向かう勇気ができたのだろう。

日村は、こうした修羅場をくぐってきた経験を生かして、ガソリンエンジンのクルマの設計に挑戦した。

日村は、終戦後、残務整理がすむと休職を命じられて出社しておらず、外山を中心にした電気自動車の開発に最初から参加していなかった。そのあいだにひとりでクルマの勉強をしていた。これからは自動車の時代になると予想し、飛行機とは違うクルマのボディやシャシーに関する海外の資料を渉猟した。

それを知った外山が、日村を呼び寄せたのである。それ以来、「たま」のクルマの設計の中心となっていた。

飛行機にないものでクルマにとって重要なのがサスペンションであると思った日村は、内外の文献を読むほかに、東京赤坂にある自動車修理工場を見てまわった。それまで雑誌や文献でしかお目にかかったことのないクルマの現物を見ることで、あるべきクルマの姿を追求した。

このころの日本車は、乗用車もトラックもリーフスプリングを使用したリジッドアクスル式のサスペンションのクルマがほとんどだった。アメリカ車やヨーロッパ車には、コイルスプリングを使用した独立懸架式を採用するものが見られた。このほうが乗り心地をよくすることができるのは判っていたが、すっきりとした機構だ

67

けに耐久信頼性を確保するには高い技術レベルが必要だった。

■まずトラックの開発から始める

　「たま」でまず開発したのは、トラックだった。当時は乗用車はハイヤーやタクシー需要がほとんどで、トラックのほうがはるかに需要があった。少しでもたくさん売るには、まずトラックだった。トヨタや日産でも、販売の大半はトラックであり、トラックこそがメーカーの屋台骨を支えていたのだ。日本で乗用車がトラックの生産台数を上まわるようになるのは、この15年以上あとの1960年代の後半になってのことである。

　輸送機関が絶対的に不足していた当時は、トラックの過積載はごく当たり前だった。1トントラックなら、2トンはおろかそれ以上の荷物を積んで走るから、クルマにかかる負担は大きかった。その上、道路のひどさは尋常でなかった。

　なによりも過酷な使用条件に耐えられる車体にする必要があった。そのために、新しい機構を採用するより頑丈なものにすることを優先して設計された。

　強固なはしご型フレームにエンジンをマウントし、サスペンションも取り付け、キャブや荷台もしっかりとフレームに取り付けられていた。とくに頑丈につくったのはデファレンシャルで、それまでの電気自動車用のものに比較するとかなり大きいギアを使用したので、デフケースもそれにつれて大きくなった。

　これを初めて見た外山が「間違えて設計したのではないか」といったというエピソードが残されているくらいだ。

「たま」が開発したガソリンエンジンのAFTF-Ⅱ

68

　プリンス自動車のトラックは、丈夫で荷物をたくさん積んでも大丈夫という評価をされたのも、こうした配慮があったからだ。

　いっぽうで、強固につくるためには、材料や加工にコストがかかることになる。この当時の小型トラックは、まだボンネットタイプばかりで、トヨタSB型トラックは1トン積みだったが、「たま」のトラックは1.2トン積みだった。しかも、小型車の全長4300mmの制限いっぱいの荷台にすると、トヨタSBトラックより50パーセント広い荷台になった。積載量が多く荷台が広いことは有利だった。

　トラックのほうは、試作エンジンが完成した直後にすぐにエンジンを搭載して、1か月後の1951年11月に試作車が出来上がった。

■トヨタや日産でやっていないものにしよう！

　トラックに続いて乗用車の開発が始まった。注目すべきは、フレームなどの重要な部分がトラックと別に設計されたことだ。

　もっとも大がかりでコストのかかるフレームは、当時のトヨタや日産ではトラックと乗用車で共通の部分が多かった。早くいえば、エンジンやその他のシステムを取り付けたフレームに、トラックのボディを架装したり乗用車のボディを架装していたのだ。

　生産はトラックが中心だったからフレームは強固につくられていたので、乗用車用としては頑丈すぎて乗り心地を悪いものにしていたし、フロアの位置も高くなり腰高で格好も良くなかった。しかし、販売台数の少ない乗用車のために専用のフレームをつくることは生産効率が良くなかったのだ。

　トヨタや日産でやらなかったことをやろうとする意気込みが、「たま」で専用フレームをつくることに現れていた。先進的な機構を採用して独自性を出そうとする姿勢が鮮明だった。後発メーカーであることを意識して、トヨタや日産より進んだ機構にすることで存在感を示そうとしたのだ。

　トヨタのように、製造コストを抑えることが開発と生産の重要課題として取り組むメーカーとの姿勢の違いがあった。

　また、量産設備が充実していないことが「たま」のハンディキャップであったが、手加工でつくる部分が多いために、トラックと共通のフレームにしなくとも、製作にかかるコストはそれほど増えなかった。量産体制を敷くトヨタや日産に対抗するための、ハンディキャップをカバーする手段でもあったのだ。

　乗用車のフレームはキックアップタイプのX型フレームを採用している。フロア

プリンスセダン用のキックアップタイプX型フレーム

位置を低くして、重心が高くならないように考えたからである。フレーム付のクルマの場合はフロアの位置が高くなりがちだが、乗用車らしく居住性をよくするためにフロアを低くする工夫が凝らされていた。

さらに、変速機はダイレクト方式にすると前席の中央部にシフト機構がくることになるので、これを避けてリモートコントロール式にしてステアリングホイールの下のところに装着している。いわゆるコラムシフトとは異なるが、機構的には同じである。こうすると前席をベンチシートにすることができ、6人乗りになる。タクシーとして使用するには5人乗りは不利だったのだ。富士精密で開発した日本初の4速変速機の2〜4速はシンクロ式と進んだ機構だった。

この時代の方向指示器は、サイドのピラーに取り付けられたアポロ式といわれた腕木（アーム）をベロのように出す方式が普通だった。これを現在と同じフラッシャー式にした。これだけでもあか抜けた感じになる。

スピードメーターも大型のものにし、不具合を知らせるウォーニングランプの設置など、アメリカ車のような高級感を出そうとしていた。トヨタ車や日産車にない高級なクルマであるという印象を与えようと努力したのだ。

ちなみに、この時代にはまだ「たま」ではクルマのスタイリングデザインを担当する部署はなかった。トヨタは1947年に製作されたSBトラックでも、造形係がスタイルを決めていたし、日産もこのころから専門のデザイナーを置くようになっていた。「たま」の場合は、設計部がクルマのスタイルを決めていた。

トヨタや日産の小型車より一回り大きいサイズのクルマなので、アメリカ車を参考にしたスタイルであった。日村が中心になって決めたものである。

■背水の陣による開発

トラックと乗用車の設計は12名というわずかな人たちで行われ、設計はわずか1年ほどの期間で終えた。電気自動車の経験があったにしても、驚くべき頑張りであ

プリンスセダン AISH-Ⅰ

る。夜をもって日に継いだ飛行機メーカー時代と、独立したばかりの「たま」の時代と同じように、まさに戦時体制のなかにいる意識だったのだろう。

　田中次郎や日村卓也は、会社の全員が自分たちの仕事を息を詰めて見守っているという意識を持って設計に当たった。クルマの基本性能は、この段階で決まるから、ここで失敗したら企業そのものの存続に関わることになるのだ。1951年6月に電気自動車の生産は正式に打ち切っていたから、新しいガソリン車にすべてを託すしかなかったのだ。

　まさに背水の陣だった。失敗が許されないなかで、どれだけ存在感を示せるか。フロントサスペンションは、乗り心地をよくするために独立懸架式にしたかったのだが、むずかしい機構を採用することによるトラブル発生のリスクを考慮して、とりあえずは無難な機構のリジッドアクスル式を選択し、路面からの振動を吸収するためにスプリングにラバーブッシュを取り付けている。

　現在はサスペンションにラバーブッシュを取り付けるのは当然のことであるが、ゴムに荷重がかかるために耐久性の問題があり、ゴムが固くても柔らかくても具合

71

が良くなく、適した固さにするのはむずかしいことだった。

　これが結果的にトラブルを起こすことになったが、その対策を進めることで他の
メーカーより技術的に進んだものにすることが可能になった面がある。

■走行テストもろくにしないで発売へ

　乗用車は年を越えて1952年2月15日に試作1号車が完成した。

　当然のことながら、どのメーカーも公道を走行してクルマの出来具合をチェック
することになる。果たしてどのくらいのスピードがでるのか。ブレーキの効きは問
題ないか。ステアリング機構はその機能をきちんと果たしているか。こうした問題
は、走行テストで具合を見る必要がある。

　しかし、プリンス自動車では、充分な走行テストをしたとはいえない状況で発売
を開始している。実際は、長距離走行をして、でこぼこ道から石畳の道や砂利道な
どの悪路を走らなければトラブルがどの程度でるかつかむことができない。しか

賑わうプリンス自動車の発表展示会

発表展示会における「たま」の首脳陣。左から外山
保、鈴木里一郎、石橋正二郎、石橋幹一郎の各氏。

し、そんな余裕はなかった。なるべく早く発売しなくては、企業としてやっていけないのだ。

　クルマを販売するためには、その資格があるかどうかを認定する、運輸省による公式試験に合格しなくてはならない。

　公式試験は単に不具合があるかどうかだけではなく、発進加速やブレーキ性能、一定のスピードにおける燃費、最高速度などが決められた走行状態で計測され、データが採られる。

　走行するのは運輸省の所有する試験場と、東京から箱根までの往復走行などである。

「たま」では、この試験には試作され
たクルマだけでなく、アクスルやス
プリングなどの部品を積んだトラッ
クを随行させたが、これはどのメー
カーもやっていることだった。多少
のトラブルが出るのは当たり前だっ
たのだ。

プリンス・ライトバン54年型

　運輸省の試験は2月23、24日に実
施された。試作車の完成から10日も経っていない。通常は最初の試作車ができてか
ら、走り込むことで細部にわたるセッティングをするし、仕様の変更もあり得るか
ら、数か月から半年はかけることになるだろう。そのうえで、量産の準備を始める
ことになる。もちろん、つくられる試作車の数も、かかわる人数も桁違いである。
　「たま」では、試験に合格すると、すぐに発売することにした。発表展示会は、3月
7〜9日に東京・京橋にあるブリヂストン本社ビルのショールームで開催された。最
初の2日間は雨と雪の悪天候だったが、多くの人が訪れ盛大だった。用意されたの
は、セダンとトラック、それにライトバンだった。セダンが130万円、トラックが85
万円だった。商用のトラックは税金が安かったが、セダンに加算される税金は20パー
セントだったので、販売額に大きな差があった。とても個人では買えないものだ。

■「プリンス」と命名されたクルマの評判

　発表展示会に先立って、車名が「プリンス」と決められた。トラックがAFTF、セダ
ンがAISHという形式名が付けられていたが、発売するには愛称がつけられたほうが
望ましかった。
　最初は従来どおりの「たま」で行く案が有力であったが、その後、石橋がオーナー
であることで「ブリヂストン」という案も出された。この年に皇太子の立太子礼が行
われることになっていたことで、石橋が「プリンス」という名前にした。
　当時の国産小型車は、すべて30馬力以下で車両サイズも4000mmを切るものばかり
だったから、45馬力で全長4290mmとサイズの大きいプリンス車は大いに注目された
（車両諸元は101頁参照）。ヨーロッパのクルマも日本に入ってきていたものの、大き
くて高級なイメージの強いアメリカ車のほうがよく姿を見かけた。それらの立派な
クルマに比べると、国産セダンはいかにも貧弱な感じだった。もちろん、それでさ
え高嶺の花だったのだが、そのなかで一歩も二歩もアメリカ車に近づいたイメージ

のあるプリンス車は、「たま」のねらいどおり、高級・高性能なクルマと受け取られたのである。

　トヨタや日産に先駆けての一回り大きい上級小型車の発売は、クルマに注目する人たちに大きなインパクトを与えることに成功した。

　とくに意識していなかったにしても、多くの日本人がアメリカに負けたのは、技術力ではなく、物量の差だったと思っていたから、その差を何らかの方法で埋めるものの出現を待っていたところがあった。クルマでいえば、アメリカ車とのイメージの違いを埋めるクルマの出現である。まだ手の届かない存在だっただけに、高級・高性能に対する憧れは強く、よけいに国産車のイメージを上げるクルマが待望されていた。そんなところにデビューしたプリンスは、きわめてタイミングが良かったのだ。

　「たま」の人たちの狙いが当たったことになるが、予想以上に高い評価を受けた。クルマは、まだ生活が貧しいからといって、それを反映したものになっていたのではダメなのだ。希望と夢を与える必要があった。タクシー会社は、実用性を重視してクルマを選択するが、やはり高級で高性能のほうがいいに決まっている。プリンスに対する期待は高まった。

　プリンスという命名も良かった。

　この頃の国産乗用車は、トヨタではトヨタSFとかSKと呼ばれており、日産の場合はダットサンという名称だった。これに対して「たま」のクルマはプリンスという名前で姿を見せたところに、従来のクルマと違う印象を与えた。トヨタがクラウンという名で新型車を出すのは3年後のことであり、日産のダットサンがブルーバードと名乗るようになるのは8年後のことである。洗練された感じのする「プリンス」と名乗ったことは、クルマのイメージを良いものにすることに貢献した。

　このあたりは、巧まずして時代の流れに合致し、クルマに関心を持つ人たちの心を捉えることに成功したといえるだろう。

　エンジンを開発したのは、各種の戦闘機などの飛行機用エンジンをつくっていた、かつての中島飛行機の技術者たちであることで反響を呼んだ。戦前の日本を代表する航

高級・高性能をアピールしたプリンスセダン

空技術者が精魂込めてつくったも
のであるからには、技術的に日本
の最高水準のものになっているは
ずと受け止められた。

　戦後7年しか経っていないこの
当時は、日本の飛行機は世界のな
かでもトップクラスの技術に支え
られた性能のものであったと信じ
られていた。いまでこそ、中島飛
行機といっても知らない若者がい
る時代になったが、この頃は日本
の誇る技術的成果を達成した飛行

富士登山にチャレンジするプリンス車

機メーカーという印象が強かったのだ。そのイメージとも重ねられ、プリンス車は
大いなる期待と評価のなかで販売を開始することになった。

　1952年8月には、富士山への登山キャンペーンを実施した。プリンスセダンとトラッ
ク計4台が河口湖のホテルを出発して、5合目までの道なき道を1時間20分で走破、海
抜2400mまでの悪路をノントラブルだったことをアピールした。

■実力以上に評価されて生産が追いつかず

　世のなかのプリンスへの評価は、実際「たま」と富士精密の実力以上のものだっ
た。いきなりトヨタや日産以上の期待をかけられたのだから、それに応えるだけの
実質が伴わなくても無理はない。その落差は、かなり大きいものだった。電気自動
車というマイナーリーグで優秀な成績をおさめて、メジャーリーグでデビューした
とたんに派手なホームランを打って、とんでもない新人が現れたと思われたような
ものだ。

　「たま」は自動車メーカーとしての体力では、トヨタや日産とは比較にならないほ
ど弱かった。それは当然のことである。

　量産設備を充実させて、クルマの開発から生産、さらには販売からサービス体制
までシステム化が進み、それぞれの部署に経験豊富な人たちがいてしっかり管理し
ているトヨタや日産とは異なり、ようやくセダンとトラックをつくれるようになっ
た新参のメーカーだった。発売されたクルマの姿は、いってみれば氷山の一角であ
り、その姿が美しく見えても、海面の下にある巨大な氷が、それをどれだけ支えら

れるかが重要になる。たま
たま派手なデビューを飾っ
ても、長いあいだ出場して
好成績を上げつづけるに
は、体力をしっかりと鍛え
る必要があった。

　トヨタや日産はキャン
プで走り込みをして体力
を鍛えており、プリンス
の場合は、これから鍛え
ようとしているところ
だった。

タクシーとして使用されたプリンスセダン

　1952年8月に3500万円の増資を行い、新しく資本金を5000万円とした。販売に関し
ても、1953年には大阪営業所を開設、全国に20店の代理店を設置し、販売の拡大が
図られた。しかし、生産が追いつかなかった。

　1953年初頭には計画通り月産100台を突破したが、なおバックオーダーをかかえて
いる状態だった。そこで1953年までには月産300台、54年末には月産500台体制をつ
くるべく計画された。

　設備の充実と人員の増強を図ろうと、1953年8月には資本金を1億5000万円にし
て、新規事業計画を実行することになった。

■舞台裏での悪戦苦闘

　まず驚くのは、運輸省の公式テストに使用した試作車につづいてつくられた2号
車が、東京工業大学の学長用として売られていることだ。

　メーカーによっては、試作車は何十台、何百台とつくるといわれているが、この
時代でも、数台以上は試作車としてテスト用に供されるのが普通だ。何とも不思議
な話である。しかも、販売されてからあまり経たないうちにギアが入らなくなるな
ど、トラブルが出て走れなくなってしまったという。

　「たま」に限らず、まだ世の中も慌ただしく、そんなものだと思っていた時代でも
あったのだろう。

　発売したクルマのトラブルは、その後も続出した。ボディからの雨漏り、スプリ
ングのラバーブッシュの破損、トランスミッションケーブルの折損などである。と

くにトランスミッションはリモートコントロール式にしていた部分が強度不足で、初期には販売されたもののほとんどでクレームが発生した。

エンジンでも、トラブルが相次いだ。カムシャフトを駆動するアイドラーギアの破損、カムとそれに接するタペットの異常摩耗、ウォーターポンプのシール部からの水漏れなどである。いずれも、その対策に大わらわで対処しなくてはならなかった。

試作車や試作エンジンが完成してから、長期間にわたってテストしていれば、その最中にトラブルが出て、その対策ができたに違いない。しかし、その余裕はなかったから、ある程度は仕方がないことだった。

トヨタや日産でも、戦前のことであるが、陸軍からの大量発注で納めたトラックに各種のトラブルが出て、改善命令が出されたことがある。そのトラブルの多くは、オーバーヒートだったり、デフのギアの折損だったり、ステアリングの不具合だったりと、基本的なところに問題があった。自動車のことがまだよく判らない状態で開発し、テストも不十分だったためだ。

国産車の技術レベルは高くなく、そうしたところから育っていかなくてはならなかった。こうしたトラブルに対処していく過程で、トヨタも日産も技術レベルを向上させてきたのである。

プリンス自動車も、そうした過程を経ることで、メーカーとしての力をつけていくことになる。その苦しみを、ガソリンエンジン車を開発し、発売することで体験することになったわけだ。トヨタや日産から20年遅れて経験したのである。これを克服しなくては、次の段階に進むことはできない。最初から何のトラブルもなく、高性能を発揮できるほど自動車の世界は甘くないし、経験が少ない技術者たちで開発したのだから、ある程度はトラブルが出るのは当たり前だった。

プリンス自動車にとって、幸いだったのは、個人ユーザーが多くなく、トラックは運送会社で購入し、セダンはタクシー会社で使用するのがほとんどだったから、どちらもクルマをよく知っている専門のドライバーが扱い、クルマはトラブルが出るものという認識を持ち、整備する習慣があったことだ。そのため、トラブルが起こっても、素早く対策すれば、よほどのことでない限り問題にならなかった。この時代の自動車メーカーは、ユーザーによって育てられたところがあったのだ。

■エンジンのトラブル対策の苦労

ここで、エンジンに関するトラブルと、その対処の仕方についてみてみよう。

いくつかの問題のうち、対策にもっとも苦労したことのひとつが、カムシャフトを駆動するために設けたアイドラーギアの破損だった。

手本としたプジョーエンジンではチェーンを使用していたが、国産ではこれと同じピッチのダブルローラーチェーンがなかったために、ギアとギアの間にもう一枚のギアをかませて回転を伝えることにしたのだが、この中間にあるアイドラーギアは合成樹脂製にしていた。鋳鉄製にするとギアの音がうるさくなるからだが、このギアが予想した以上の力を受ける上に、騒音を小さくするためにヘリカルギア（斜めに切られたギア）にしていた関係もあって、ギアが傾斜しやすくなりがちなことが原因だった。

　とりあえずは、対策として鋳鉄製にして凌ぐことになったが、カタカタというギアの耳ざわりな音がした。何とかしようと、アメリカでナイロンを機械の構造材に使用していることをつかみ、これがものにならないか検討することにした。大阪にあるプラスチック専門の会社に相談し、ギアを試作してもらった。このギアを付けて走行したところトラブルも出ないようだった。しかし、安易にこれを採用してまたトラブルが出ては困るので、長期的に使用して様子を見ることにした。夏場は良かったが、秋の終わりから冬にかけた季節になると、気温が下がったことでもろくなるナイロンの特性が出て、ギアが折れるようになった。やはり対策部品として使用するわけにはいかなかった。

　この問題は、後にオースチンやルノーが国産化され、それに伴ってカムシャフト駆動のダブルローラーチェーンが国産化されて、それが入手可能になり解決した。それまで、数年にわたってカタカタ音がするのをガマンして鋳鉄製ギアが使われた。

　中島飛行機のエンジンは、空冷であったことから鋳鉄はほとんど使用されなかった。せいぜいピストンリングくらいであった。そのため、富士精密の技術者は鋳鉄に関する知識をあまりもっていなかった。自動車では、鋳鉄はコスト的に安くなるので多用されていた。ここにも、飛行機との違いがみられた。そのために、思わぬトラブルに見舞われることになった。

　そのひとつがカムとタペットの摩耗だった。カムシャフトは、浸炭鋼により鍛造でつくられていたが、これと接触するタペットは表面処理された鋳鉄製だった。カムシャフトの回転の

箱根登山の走行テストをするプリンス技術陣

たびにタペットが押されるので、両者の相性が悪くて摩耗が進んだ。摩耗によりバルブタイミングが狂い、エンジンの性能が低下した。これはカムシャフトに表面処理することで解決した。

プジョーのものと異なる設計にしたクラッチにもトラブルが発生した。クラッチは富士精密で内製されたが、プジョーのものは量産タイプだったので、独自にボルトを植え込み式にするなど変更したのだ。ところが、そのボルトが折れてクラッチが効かなくなるトラブルが発生した。

「たま」から連絡が来て、岡本たちが重要な顧客であるタクシー会社の日本交通に呼び出された。トラブルにより営業できないから、こっぴどく油を絞られたという。クラッチディスクを製作しているメーカーに相談したところ、ウイリス製ジープを三菱で技術提携して国産化することになり、そのためにクラッチ一式をつくっているので、それを流用することにしたらどうかと提案され、クラッチを内製から外注に切り替えて解決した。

キャブレターに関しても、供給される燃料の流れがスムーズでないという初期に発生したトラブルは、未解決のまま残されていた。ときどき息つぎをするようになる。これはキャブレターの構造そのものに起因したものなので、簡単には解決しなかった。のちに富士精密の技術者と日本気化器の技術者が共同開発で新しいキャブレターをつくるようになるまで、だましだまし使用するしかなかった。

トラブルの発生は、好ましいことではなかったが、その対策に部品メーカーを巻き込むことで、自動車業界全体の技術レベルの向上が図られた。トヨタや日産も、従来より活発に活動するようになり、自動車業界全体が活気を見せるようになった時期で、プリンス自動車が新型モデルをひっさげて登場したことが、自動車業界全体を刺激する効果があった。

そのポテンシャルを発揮する優秀な技術者が自動車メーカーだけでなく、部品メーカーにもたくさんいて、この頃から日本の自動車業界の総合的な技術力が高くなっていったのである。

■営業サービス部隊の多忙なトラブル対応

「たま」の営業部門では、販売したクルマのサービスは、次々に発生するトラブルに対処するために、電気自動車時代よりも大変な目に遭わなくてはならなかった。

カムを駆動するギアが破損するトラブルが起これば、エンジンがストップしてクルマは動かなくなる。その連絡を受けると、市ヶ谷にある営業所から牽引車が現場

に駆けつけてクルマを引き取って修理しなくてはならない。ひどいものは新車の陸送中にアイドルギアが破損したという。

　トラブルは毎日のように起こるから、そのたびにサービス工場でアイドラーギア交換作業をしなくてはならない。さらに、クラッチ破損のトラブルも頻繁に起こったから、これも同様に交換しなくてはならない。

　次から次へとトラブルを起こしたクルマが運ばれてくるから、とても作業が追いつかない。電気自動車時代よりサービス要員は増えて6、7人になっていたものの、早朝出勤して夜遅くまで働いても間に合わず、日曜も祭日も作業の日々が続いた。よく身体がもったものと思うほどだった。

　初めのうちは、破損したのと同じ合成樹脂のギアに交換していたから、交換したクルマにも同じトラブルが発生するため、トラブルに作業が追いつかなかったのだ。その後、鋳鉄製のギアに変えてからは、トラブルが次第に減っていった。また、日本交通の後楽園営業所には多くのプリンス車が納入されたので、しばらくは毎日サービス員が、運転手が交替する早朝に出向いて各種のサービスをした。冬の寒さの中ではつらい作業だった。

■量産とはほど遠い生産のしかた

　生産する三鷹工場のほうも大変だった。

　プリンス自動車では、量産設備に投資するところまでは手がまわらなかった。プレス機とプレス型でつくれば時間と手間をかけずに生産できる。しかし、プレスの金型をつくるには費用が嵩み、高価なプレス機が何台も必要になる。

　プリンス自動車では、電気自動車時代よりは多少よくなった程度で、こうした圧型設備が充実していなかった。ボディの生産はほとんどハンマーによる手叩き、つまり板金工が活躍していた。ボディやフレームの成型は、手動の球状ローラーや剪断機などを利用するほかには、工場内で板金工がハンマーの音を盛大に轟かせて作業をしていた。

　車体組立は、板金成型された鋼板を酸素溶接でつなぐことになるが、ボディの溶接の際には、熱膨張でゆがまないように水にひたした布で冷やしながらの作業だった。

　手叩きだから、同じサイズといっても互換性はなく、ドアが壊れて交換する場合にも、ハンマーと酸素バーナーで現物合わせで調節するしかなかった。電力事情がまだ悪く、溶接の際に電圧が下がるとうまく付かなかったり、逆に上がると穴が空いたりすることさえあった。

　手叩きによる成型ボディは、細かく見ると凸凹していたから、塗装のための下地づくり作業に手間と時間がかかった。パテを何回も塗り、天日で乾かしてからでないと塗装ができない。梅雨時になると乾きが悪くなり能率はさらに落ちた。しかし室内乾燥のための赤外線電球を使用することで、これは後に解決している。

> 　トヨタや日産では、新しいモデルの発売に備えて生産体制を確立するのが当然のことだった。販売計画をもとに月産台数を決めて生産の準備が始まる。プレス型と車体組立設備がととのえられ、流れ作業で組み立てられていく。トヨタでは1951年に生産5カ年計画を立てて、まず月産3000台体制を確立している。このくらいの台数を生産しないと量産効果が上がらないからだ。それを随時引き上げて、生産効率を上げるように対策がとられていた。
> 　日産でも、工作機械を導入するに当たって、メーカーと共同で開発して据え付けていた。さらに、後述するようにオースチン社と提携して新しく乗用車をつくる計画では、トランスファーマシンの導入を図るなど、生産効率を上げ、量産体制の確立のために積極的に投資していた。

■相次ぐ社名変更、「プリンス自動車」に

　社名が「たま電気自動車」から「たま自動車」に変更されたのは1951年11月である。定時株主総会で決められたものだが、電気がついたのでは時代にそぐわなくなった。ガソリンエンジンによる試作車が完成したときでもあった。定款の事業目的の項から電気自動車という表現が取り除かれ、自動車その他の部品の製造、販売などに改められた。

　さらに社名を「たま自動車」から「プリンス自動車」に変更したのはその1年後の1952年11月のことである。東京電気自動車から「たま」に変更したのと同じように、クルマの名前を社名にしたのである。しかし、このときはまだ富士精密と合併していないから、後に名乗るプリンス自動車とは組織的に異なるものである。

　トラブル対策と工場の設備の拡張、そのために必要な人材確保と体制整備にプリンス自動車は大忙しだった。とはいえ、新しいプリンス車の発売によって、自動車メーカーとしてやっていける可能性が高まったことは確かだったから、これは成長のための苦しみでもあった。

第6章 「たま」と富士精密の合併

■海外メーカーとの提携の動き

　プリンス1500cc車が発売された1952年は、自動車産業の大きな曲がり角にさしかかっていた。新しい時代の足音が聞こえてくるようになり、自動車メーカーの動きが活発になる傾向が見られた。

　専用シャシーをもつ国産乗用車は、まだトヨタや日産でさえ新しくつくられていなかった。トラックはともかく、乗用車の技術的な遅れをどうするかは、自動車メーカーだけでなく、これを保護育成しようとする通産省にとっても大きな問題だった。この技術的な遅れを埋めるため考えられたのが、先進技術を持つ海外の自動車メーカーとの提携だった。

　1950年頃から、通産省の指導があり、工作機械の分野では技術提携が進められていた。これにより、高価な工作機械が国産化されるようになった。

　1951年になると、日産をはじめとする自動車メーカーから通産省に対して、技術提携を認めて欲しいという要請があり、次第に熱心になってきた。外国車の輸入が認められる前に、技術的にも価格的にも国際的な競争力を付けなくては、日本の自動車メーカーは大きくなることができない。欧米の動きを見ていれば、自動車産業の中心は乗用車だった。日本で乗用車の分野が大きく立ち遅れれば、基幹産業になる道はたたれることになりかねないという危機感があった。

　通産省は、貴重な外貨をどのようにうまく使うかに知恵を絞っていた。輸入車枠

を増やすより、技術提携することで国産車の技術水準を上げるほうがましな選択
だった。しかし、一般に提携して製造権を取得した場合、生産台数に応じてライセ
ンス料を支払うことになり、生産台数が増えればライセンス料を多く支払う必要が
あった。

　知恵を絞った結果は、提携したクルマの部品を国産化する契約にすることで、生
産台数が増えても支払うライセンス料を一定以下に抑える方法が考えられた。最初
はすべての部品を輸入して組み立てるものの、それらを順次国産化していき、すべ
ての部品を国産化することにより、生産台数が増えてもライセンス料は多くならな
い契約にする。国産化することによって、部品メーカーも含めて日本の技術水準の
向上が図れるメリットがある。

　外国車の国内製造を計画するメーカーに対して、提携にかかる外貨の使用を認め
る代わりに、契約後5年以内にその部品の大部分を国産化するという内容の「乗用車
関係提携及び組立契約に関する取扱方針」がつくられ、1952年10月に通産省の省議に
より正式決定された。実際にはこの決定を見る前から、日産や日野自動車などは海
外のメーカーと提携交渉を始めていた。通産省が、提携に前向きな方向を示してい
たからで、この決定により交渉が加速した。

　プリンス車が発表された1952年春には、日産はすでに提携することを決めてお
り、1952年12月にイギリスのオースチン社とのあいだで技術提携契約が調印され
た。この月のうちに通産省は日産が提携することを認可している。通産省が支払い
を保証する契約になっていた。

　日産では、契約に基づき1953年3月までにオースチン車の組み立て工場を完成さ
せ、4月には早くもオースチンA40の国産1号車を完成させた。エンジンはOHV型
1197cc、42馬力、全長4050mm、全幅1600mm、全高1630mmである。プリンス車よ
りわずかに小さいものの、性能的には遜色のないものだった。1954年9月にはオー
スチンはモデルチェンジを行い、A40型からA50型ケンブリッジに代わった。これ
につれて日産でつくるものもA50型となり、エンジンは1498ccに拡大され、50馬
力、全長4110mm、全幅1580mm、全高1550mm、ボディスタイルも大きく変わり洗
練されたものになった。

　日産に次いでいすゞがルーツグループと提携してヒルマンを、日野自動車がル
ノー公団との間でルノー4CVを国産化することが決定した。どうやら、この頃には
ポンドなどのヨーロッパ通貨の保有が多くなり、それを使う余裕があったようだ。
そのため、日産だけでなく、いすゞや日野の提携を認めることになったという。
ヒルマンはエンジンがSV型1265cc、37.5馬力でオースチンやプリンスのライバルに
なるクルマである。1955年にはモデルチェンジによりOHV型1390cc、51.5馬力に

なっている。ルノーはエンジンはOHV型750cc、21馬力、プリンスやオースチンより一回り小さいダットサンに似たサイズだった。

　提携したメーカーからは、国産化のためにそれぞれ指導する技術者が日本に派遣された。国産化された部品をチェックし、一定の品質を確保しているものに対しては国産化が認められた。日本のメーカーは国産化に熱心に取り組み、外国メーカーの指導員も日本の技術や技能が優秀なことに驚くほどだった。これはすべてのメーカーに共通していた。

　国産化した部品は、提携したクルマ以外にも使用することができる契約となっていた。これにより、日産ではオースチンに使用したエンジン排気量を縮小した1000ccエンジンを新しくつくり、ダットサンに搭載している。長い期間かけて改良されて信頼性のあるエンジンになっていたので、トラブルがなく好評だった。

　自動車メーカーだけでなく、国産化された部品の一部は部品メーカーによってつくられたので、日本の自動車業界全体のレベルアップをもたらした。

提携により組み立てられた左からルノー4CV、オースチンA50、ヒルマンミンクス

■トヨタによる1500ccエンジンの開発

　トヨタは、他社と提携せずに自主開発の道を選択した。創業当時からトヨタは、自分のところの技術力を高めることを社是として実行し、対照的に日産は海外のメーカーと提携することで技術力の向上を図った。創業当時の違いが、このときの技術提携にも引き継がれている。日産のなかには技術提携せずに独力で新型モデルを開発すべきだという意見もあったが、かねてから海外の先進的メーカーと技術提携を進める意志の強かった浅原源七が社長に就任したことで、オースチンとの提携が決まり、これがきっかけとなり、いすゞや日野の提携がつづいた。

　トヨタで1500ccエンジンの開発が始まったのは1951年の終わり頃だった。SV型より機構的に進んだOHV型である。富士精密のエンジン開発よりスタートは半年以上遅かった。

　トヨタの1500ccエンジンが完成したのは1952年の終わりになってからで、1000ccエンジンを搭載していた乗用車やトラックのボディにこの1500ccエンジンを搭載して

テスト走行を実施した。実際にこのエンジンを搭載したクルマを発売したのは1953年9月で、プリンス車の発売から1年半後のことである。

トヨペットスーパーと名付けられた新しい1500ccエンジンを搭載した乗用車は、1000ccエンジン搭載車をマイナーチェンジしたもので、新しいモデルとはいえなかったが、改良が加えられて乗り心地も少しずつよくなっていた。この1500ccエンジンは48馬力と、富士精密の45馬力エンジンを上まわる出力を示し、タクシーに使用されて好評だった。

> トヨタが最初に乗用車専用モデルとして開発したのがクラウンであるが、その開発は1952年から始められた。発売されたのは1955年1月だから、開発に3年かけている。もともと1500ccエンジンは、クラウンに搭載することを想定して開発されたものだ。クラウンの開発を軌道に乗せるためには、エンジンが熟成されて信頼性のあるものになっていることが望ましい。そのために、トヨペットスーパーに搭載しておけば、その間にトラブルがでても対策できる余裕があった。したがって、クラウンの試作車ができたときには、信頼性を高めたエンジンとなっており、車体を中心に走行テストができたのである。それでも開発に3年かけたのは、それだけ慎重に、また生産体制をしっかりと確立してから発売したためだ。

1500ccクラスのセダンを最初発売したプリンス自動車は、高級・高性能という他のメーカーにない特徴があった。しかし、そのリードを長く保つことは不可能なことだった。有力メーカーが、1500ccエンジンを搭載するようになり、激しい競争の渦のなかに巻き込まれようとしていた。

性能的にリードしても、すぐに追いつかれ、追い越される運命にあった。それに対抗するには、巻き返しを図って技術的に進化させる必要があった。停滞は許されなかったのだ。

■既存メーカーとのハンディキャップ

もうひとつ、次第に明らかになってきたのは、戦前から自動車メーカーとして活動してきたところと、戦後になって参入したメーカーとの行政側の対応の違いだった。それが端的に現れたのが海外メーカーとの提携の認可に関してだった。

上記のメーカー以外にも、提携によって乗用車部門に参入しようとする動きが見られた。プリンス自動車でも、これを機会に提携することが検討され、イギリスのモーリス社を候補として通産省に打診した。しかし、とても認可される可能性がないと判断せざるをえなかった。ダイハツはアメリカのスチュードベーカー社、外車

の販売を営む東急自動車がイギリスのスタンダード社、戦前オート三輪をつくっていた京三製作所はフランスのシムカ社と、建設機械メーカーの小松製作所がドイツのフォルクスワーゲンかメルセデスなど、実際の交渉に至らないものもあったが、いずれもこのチャンスに自動車メーカーになろうという意欲を示した。

しかし、通産省では提携の認可は2、3社に限定する意向を最初から固めていた。世界水準に達していない日本の自動車メーカーが、乱立気味になることは通産省のもっとも嫌うところだった。

メーカーが乱立すれば、設備など過剰投資になり、激しい競争により消耗して海外のメーカーに太刀打ちできないと判断していた。日産、いすゞ、日野と三社の認可にさえ、過剰にならないかという声が通産省内部にあったほどだ。トヨタが提携する意向を示せば、あるいはいすゞと日野の提携は認められなかった可能性がある。

これ以外に認められた提携は、三菱とウイリス・オーバーランド社があった。自衛隊に納入することを前提にしたジープの国産化のためで、これを含めれば4社になる。

いすゞと日野は、もともとは石川島自動車製作所と東京瓦斯電気工業自動車部などが合併してできたメーカーで、軍部の意向で分割されたものである。戦前の自動車事業法による許可会社とその流れを汲むトヨタ、日産、いすゞ、日野、それに三菱は、戦後になっても特別扱いであった。監督官庁は、戦前の商工省から戦後の通産省に代わっても、人脈的に見て継続性があり、国内メーカーの保護育成という方針は一貫して変わらなかった。戦前は軍用トラックの生産のためであり、戦後は民間企業として育成することになり狙いは違っているとはいえ、国際的な競争力を付ける目的は共通している。

プリンス自動車のように戦後に独力で参入したメーカーは、戦前からの保護育成すべきメーカーとは異なり、傍流と見られたところがあったのだ。こうした底流は、その後も変わりなかった。

■生産体制の充実の必要性

オースチンなどの国産化された新型外国モデルが発売されたのは1953年春で、それを意識したトヨタでは、1500ccR型エンジンを搭載したトヨペットスーパーの車両価格を数回にわたって値下げした。最初は1952年7月に120万円から110万円に、53年1月にはこれを95万円に引き下げた。ダットサンも価格改定に踏み切っており、従来は車両価格は値上げされるものだったが、逆の現象が見られるようになっ

てきた。トヨタでは、生
産設備を充実させて量産
が可能になり、原価が引
き下げられたことによ
る、と説明した。トヨタ
は乗用車の生産を1953年中
に月産500台にする計画で
あり、資本金も16億円に倍
額増資することが決まっ
ていた。

三鷹工場におけるプリンス車の組立

　トヨタの車両価格の引
き下げは、海外メーカーとの提携による国産車の登場を牽制したものでもある。

　プリンス自動車の販売は好調だったが、ネックとなっているのは生産体制である。
そのために、増資に次ぐ増資により生産設備の充実を図らなくてはならなかった。
1953年中にトラックと乗用車の合計で月産300台体制を確立し、1954年には500台にす
る計画がたてられた。

　1953年3月には三鷹工場の隣接地の約4000坪とそこにある建物約2360坪を買収し、
第二工場とした。ここに事業として将来性がある自動繰糸機工場を移し、第一工場
を自動車専用工場として強化した。このときに、完成車のチェックのためのテスト
コースがつくられた。

　エンジンを製作する富士精密でも、増産体制が敷かれた。エンジンの場合は、月
産300～500基ほどの組立ラインが拡充され
た。石橋が会長になりブリヂストンという
バックができたから、銀行からの借り入れ
もスムーズになった。

　自動車用エンジンの生産が増えるにつ
れ、富士精密の総生産高のなかで、自動車
用エンジンの占めるウエイトが次第に高
まった。いくつかある仕事のうちのひとつ
から、主要な製品となり、ミシン工場のほ
うから技術者を配置がえしなくてはならな
くなってきた。

三鷹工場に隣接する生産車のテストコース

■「たま」と富士精密の合併の機運

　石橋が、プリンス自動車と富士精密の合併をもちだしたのは、1953年春に欧米の視察から帰国後のことだった。

　実は、1950年にガソリンエンジンの開発契約が交わされた直後に「たま」の鈴木社長が、富士精密の新山専務に両社の合併を打診していた。石橋の意向を受けて鈴木が交渉したものである。

　このときに、数度にわたる話し合いがもたれた。しかし、新山のほうから、エンジンの製造は進めるが、合併に関しては時期尚早だと思うという回答で、そのままペンディングになっていたのだ。

　新山は、このときには富士精密の将来が自動車中心の方向を選択する決断ができなかったから、当然の回答だった。石橋にしても、株主になるからと強権を発動して合併を強要するのは得策ではないと考えたのだろう。

　そのままエンジンの供給相手として「たま」は富士精密と関係していた。実際には、エンジンのトラブルも「たま」の営業部門を巻き込むものであり、単なる取引相手以上の関係にならざるをえなくなった。

　また、石橋が富士精密の株式を取得してしばらく経ってから「たま」社長の鈴木里一郎とブリヂストン専務の高木佐吉を富士精密の取締役に加えている。

　石橋は、ヨーロッパの自動車メーカーの動きを見て、今さらながら日本の立ち遅れを実感していた。プリンス自動車が、トヨタや日産に追いつくことが、当面の大きな課題だったが、まずは国際的な競争力を付けなければ、展望が開けなかったのだ。これは、大変なことだった。エンジン部門と車体部門が別組織であるのは何のプラスにもならないどころか、一体になって全精力を傾注しなければ生き抜いていくことができないと考えたのだ。

　自動車メーカーとしてのし上がろうとする意欲では、富士精密の幹部と、石橋とのあいだに思惑の違いがあった。自ら進んでその道を切り開いて進もうとするもの

1956年型プリンスセダンのカタログ

と、他から誘われて歩くことにしたものとの違いである。しかし、自動車エンジンの生産は増えてきており、さらに増産する必要があり、富士精密の中心的な製品になりつつあるし、大株主の意向に逆らうわけにはいかなかった。

> 　足袋製造からスタートした石橋の事業は、地下足袋になりゴム長靴へと進み、そしてタイヤと発展してきたが、1950年にアメリカのグッドイヤーと提携し、トップの横浜ゴムに迫ろうとしていた（その後はトップメーカーとなり2位以下との差は大きくなる）。このときのブリヂストンタイヤにとって大きな問題になっていたのが、ゴムの輸入だった。天然ゴムを使用してタイヤがつくられていたが、アメリカでは戦争中にゴムの輸入が止まったことでタイヤができなくなったことに懲りて、合成ゴムをつくる技術を開発、戦後しばらくは合成ゴムの製造技術は軍の機密となっていた。日本でも、この研究は進められていたが、戦後は占領軍により合成ゴムの研究製造が禁止された。
> 　1950年頃から石橋は合成ゴムの製造に関してアメリカのメーカーと提携する道を探ったが、まだ機密扱いされていた。1953年になってようやくアメリカは合成ゴム技術を民間に開放した。この機会を利用してヨーロッパの帰途にアメリカにまわり、その技術導入を計画した。石橋が、自動車関係企業の視察をしたのは、このときのことである。
> 　メインのブリヂストンタイヤの経営、合成ゴムを日本で事業化して成功させるための活動、さらにプリンス自動車や二輪車事業（後に撤退する）の発展のための活動と60歳代後半になった石橋は、事業家として多忙であった。

石橋の事業経営の大きな特色は、ひとつの事業を押し進めていくことで、それに成功してその業界のトップになることだった。また、トップになるのはその事業の本質をつかむことによって達成できるから、それをもとに時代や世の中の変化に合わせて新しい事業に発展させることができるという考えを持っていた。

石橋が自動車用タイヤに進出を決意したのは1929年のことで、社内で猛反対された。ゴム製品のなかで最も難しいものだからやろうという主張で、将来は大きな産業になると思っていた。非常に高価な外国製タイヤが販売されているなかで、技術的なノウハウがなかったが、強引に進出した。

石橋は慎重に研究・調査し、決断したら積極果敢に実行するタイプだった。1931年からタイヤ生産を本格的に始めたが、最初のうちは3年間で10万本の返品があったという。それを荷車や馬車用にまわして急場をしのいだ。事業家としてのたくましい一面である。

タイヤから発展するのは、当然のことながら自動車メーカーになることであり、日本のトップメーカーに育てる野心を持っており、その第一歩が合併だった。

■合併の準備と「たま」と富士精密の軋轢

　合併が具体化したのは、1953年8月になって石橋がプリンス自動車と富士精密の幹部を呼んで説得したことによった。もはや別会社でやっていては、自動車メーカーとして激しい競争に勝ち抜くことができないのは、共通の認識になっていた。

　それぞれにさまざまな思惑があったにしても、合併そのものに反対している状況でないのは明らかだった。合併の契約は1953年11月に行われ、1954年4月30日に実行することが決められた。両社の臨時株主総会が開催されて、合併契約書の承認が決議されたのが1954年2月のことだった。

　合併が決まると、すぐに合併のための委員会がつくられ、どのようなかたちにするか協議が重ねられた。基本的には1対1の対等合併にするが、継続することになるのは富士精密となり、合併による社名は富士精密となることが決められた。

　合併委員会では増産体制についても話し合われ、1954年末までに月産500台にする計画を作成、これにともなって富士精密では汎用機の増設など、「たま」のほうでは工場建物の増設、専用工作機械の設置などの計画が立てられた。

　資本金から従業員数、土地や建物、機械類などのすべてにわたって富士精密のほうが優っていたが、自動車メーカーとしては、プリンス自動車のほうが本流であるという意識があったから、富士精密に吸収されることになる「たま」側が不満であったのは確かだろう。

　とくに、それまでお山の大将でいられた外山保は、合併すればその立場を維持することがむずかしくなりそうだった。

　合併についての話し合いのなかで、富士精密の人たちがエリート意識を前面に出して話をしてくることに外山は、反発を覚えた。たとえば、中川良一が何気なく技術の話をしたつもりでも、外山にしてみれば、上から見下ろすような発言に思えて怒りを露わにすることがあった。合併から数年の間、外山と中川はほとんど口をきくことがなかったという。

　外山を怒らすことが別にもあった。「たま」側に断りもなく、エンジンを富士自動車工業(後の富士重工業)に提供したことである。

　エンジンの開発と製造に関しての契約では、独占権が「たま」にあることが明記されていなかった。それを理由にしたわけではないだろうが、開発を終えた1500ccエンジンを旧中島飛行機グループの富士自動車工業が乗用車の開発を計画していることを知って売り込んだのである。思ったほどプリンス用に出荷される数が多くなく、生産されるエンジン数がそれを上回るので営業を始めたのである。このほかに、

フォークリフト用や消防ポンプ用など何社かに販売された。

　このエンジンを使用した乗用車が1951年6月から富士自動車工業の百瀬晋六を中心にして開発が開始された。百瀬は後にスバル360やスバル1000を設計する日本の屈指の技術者である。モノコックボディの先進的なスタイルのスバルP-1と名付けられた試作車が完成したのは1954年2月だった。正式に「たま」と富士精密が合併する2か月前のことである。

　合併の話が進んでいるのに、もとは同じ中島飛行機の仲間であったとはいえ、ライバルになるメーカーにエンジンを提供するというのは、外山の理解を超えていた。生産されるエンジンの費用を払うだけでなく、開発に関する費用も「たま」で負担しているのだから、外山が怒るのはもっともなことである。

　富士精密のほうは、自動車メーカーになったつもりはなく、自分のところでつくられた製品の販路を広げるのは当然のことと考えていた。悪気があるはずはないが、それでは世間が通らないだろう。外山の激しい怒りで、富士自動車工業へのエンジンの売り込みは中止された。

　富士自動車のほうでも、せっかく開発したのに、エンジンの供給はできないといわれて困惑した。仕方なく、後に同じ富士重工業になる大宮製作所にエンジンの開発を依頼した。しかし、スバルP-1は30台ほどつくられたが、生産に移すことはなかった。ごく一部がタクシー会社に販売されたが、それだけに終わった。株主である日本興業銀行がこの生産にかかる資金の融資を拒否したからである。競争の激しい自動車はリスクが多すぎるという見解だった。

　仕方なく彼らは軽自動車という新しい分野に挑戦することになり、1958年にスバル360を完成させる。スバルP-1は、そのための勉強になったクルマだった。

　スバルP-1はプリンス自動車のクルマ同様、当時のコンベンショナルなフロントエンジン・リアドライブだったが、この反省から百瀬はもっと合理的な機構にすべくスバル360ではリアエンジン・リアドライブにし、スバル1000ではフロントエンジン・フロントドライブにしている。

　これらの機構のほうがパワーユニットを集約できるので合理的なものになるが、それだけに技術的な困難さもあった。それに積極的に挑戦してものにできたことで、これが後のスバルの方向を決定したのである。

富士自動車工業でつくられたスバルP-1

■航空宇宙技術に未練を残す富士精密首脳

　エンジンの開発が頼まれ仕事であり、富士精密の自主的なものでなかったように、「たま」との合併も富士精密にとっては、今さら止められないにしても予想外の方向に進むものだった。

　この時点でも、旧中島飛行機からの富士精密の首脳陣は、将来が自動車中心になるという確固とした方向性を持つにいたらなかった。次第に自動車用エンジンのウエイトが大きくなっており、会社を支えるものになってきたのは事実だったが、技術者集団である富士精密の幹部たちは、飛行機のほうに未練を残していた。中島飛行機の技術者である誇りがあり、むずかしい技術に挑む面白さにこだわりがあった。

　1953年になると、長いあいだ禁止されていた航空関係事業の再開が許された。さっそく中川は、後に村山工場長になり、愛知機械工業社長に転身することになる田中孝一郎と語らって米軍の航空エンジンの修理から始めることにした。さらに、ジェットエンジンの試作を手がける計画を立てた。

　航空機用エンジンは長く使われていたレシプロエンジンから、主流はジェットエンジンに移行することがはっきりしてきていた。通産省も、これに関心を示し、その指導のもとに日本ジェットエンジンKKを設立するが、三菱重工や石川島などとともに一時試作開発に加わった。

　しかし、10年のブランクは大きかった。この時点で、企業としてできるのは、せいぜい航空機用エンジンの修理が中心にならざるをえなかった。戦時中までは、性能優先で最先端の航空技術の追求の経験を持つ富士精密の技術者にとって、これは

ジェットエンジンの修理作業

ペンシル型ロケット

魅力的なものではなかった。

中川は航空宇宙産業に注目した。この当時の日本のロケット研究では東京大学生産技術研究所の糸川英夫教授が中心になっていたが、糸川は元々中島飛行機で機体の開発をてがけていた。「隼」の空戦フラップの開発に成功して戦闘能力を上げることに貢献した技術者であった。旧知の間柄である中川は、糸川に誘われてロケットの研究に関わることにした。これがプリンス自動車のロケット研究の最初だった。

まずは小さいペンシル型ロケットから始めて観測用ロケットに進み、さらに人工衛星を打ち上げる計画だった。

東京大学との共同研究になるが、こうした最先端技術の追求は自動車より魅力的であり、中川は「たま」との合併のことより、こちらのほうが遥かに関心があった。中川が自動車中心に進むことを決意するのは、この2年後の1955年に欧米の視察をしてからのことだから、合併の1年以上後のことになる。

中川にしてみれば、自動車用エンジンに関しては岡本たちに任せているからという思いがあったろうが、石橋や「たま」の人たちには、脳天気なところがあると思われたかもしれない。もちろん、自動車だけでなく、航空宇宙分野の研究もしていることは、後にホンダがロボットの分野でイメージアップ効果を見せているのと同じように、富士精密が進んだ技術を持つ企業として、良いイメージを与えるプラスがあった。

合併のときに、富士精密は自動車事業を中心にして、航空宇宙事業、その他のエンジンなど精密機械事業の三つが事業部を形成していた。

■合併による新生・富士精密の誕生

1954年4月の合併により、各工場の製造工程はそのままだったが、「たま」側の車体設計は、三鷹工場から富士精密の本拠地である荻窪に移ってきた。設計や実験、試作などの車両開発部隊が集結し、荻窪に統合された。

このときに浜松製作所から技術者が車両設計部隊に移ってきた。後にスカイラインの開発チーフになる藤田喜作や日村のあとでグロリアの開発に関わる大村敏夫などである。ミシン事業は1953年をピークにして、その後は競争が激しくなり、自動車関連部門の占めるウエイトが高まるにつれて縮小気味になった。そこで、中島飛行機時代からの技術者が車両開発を充実させるべく呼び寄せられたのである。

彼らは、エンジンではなく車両の開発に関わることになり、この後は「たま」系の技術者だけが車両開発をする体制ではなくなった。さらに、新しく若手技術者を入

れることで充実が図られた。

「たま」の設計から荻窪にやってきた技術者に共通している富士精密の印象は、やはり旧中島飛行機のエンジン部門だけあって、「たま」とは違ってしっかりした組織になっているというものだった。

吸収されて職場が変わったことで、田中次郎は、「我々は、いささかひがみっぽい感じを持ったが、同じ飛行機会社だったせいか、ムード的に似たところがあったので、とけ込むことができた」と語っている。この後もしばらくは車両開発の中心になる日村卓也は「それまではがむしゃらにどうにか食いつなぐためにやってきたが、これからはしっかりした組織と技術のなかでやって行かなくてはならない時代になった」と合併を捉えていた。

合併の直前に「たま」に入社して日村の下で設計していた桜井真一郎は、合併で張り切っていた。それまで以上に技術に詳しい人がいるし、本格的な自動車メーカーになるために合併を歓迎していた。

このあたりの受け取り方は、旧立川飛行機の時代から「たま」を経てきた人たちとは違って、「たま」とか富士精密とかにこだわる姿勢ではなかった。おそらく「たま」系であることを意識したのは、外山を中心にした上層部の一部の人たちで、若手たちはそれほど意識しないで行動したのであろう。

中川は、陸軍に比べてどちらかといえばリベラルなムードのあった海軍のほうに親近感を抱いていたから、陸軍との関係の深かった立川飛行機の流れを汲む「たま」の人たちが、お役所的なところがあると感じていたようだ。

合併により富士精密は、資本金6億6750万円、従業員数約3000人（富士精密約1700人、プリンス自工約1300人）、本社及び荻窪工場、三鷹工場、浜松工場をもつ総合自動車メーカーになった。3か月後の7月には合併にともなう増資が実施されて13億3500万円と倍額になった。積極的に設備投資をすることが可能になったのだ。

トヨタは1953年に増資して16.7億円になり、1956年には資本金33.4億円になっている。日産は1954年に14億円に増資している。資本金で見れば、プリンス自動車も有力自動車メーカーの仲間入りを果たしている。従業員数では合併により3000人近くなり、トヨタの8000人、日産の7700人に比較すれば半分以下である。自動車の生産台数で見るとトヨタ22000台、日産18000台に対してプリンス自動車は3600台である。一人あたりの従業員で比較するとプリンス自動車は生産性が非常に悪いように見えるが、自動車の占める割合がトヨタと日産は90パーセント以上なのに対してプリンス自動車は40パーセントと比率が低いことによる。

　会長は石橋正二郎、社長は団伊能は旧富士精密と変わらず、副社長には「たま」社長だった鈴木里一郎とブリヂストン系の小松繁が就任、専務は新山春雄、常務には天瀬金蔵と外山保となった。取締役には中川良一など富士精密系が3人、「たま」系が2人だった。実質的に「たま」を動かしていた外山が常務、富士精密で同様の立場にあった新山が専務となったことで、富士精密が「たま」を吸収した感じが余計に強くなった。

　このためか、外山はことあるごとに「たま」系の存在感を示そうとする動きが見られたという。自分たちが始めた自動車事業だという意識が強烈だったことからだが、こうした強烈さが「たま」を牽引する力にもなっていたのだ。

　新しくなった富士精密は、組織的に整備されて船出した。自動車メーカーとしてのポテンシャルは高まったが、富士精密をトップメーカーにしようと張り切る石橋のブリヂストン系、本家は自分たちだという意識の強い外山の「たま」系、自動車だけでなく技術に誇りを持つ新山・中川たちの富士精密系と、見方によっては三つの流れが入り交じる組織だった。

　自動車メーカーとして外部に当たるときは、攻撃的に一体感を示すことができるが、内部的な問題になると、対立や思惑の違いが見られた。それだけ舵取りがむずかしい面があったのだ。

　石橋は全面的に経営を取り仕切ることはできなかったし、ブリヂストン系の人たちは、たぶんにお目付的な存在だったから、自ら舵をとることはなかった。強烈な個性の外山も、全権を掌握する立場ではなく、富士精密側にも積極的に組織をリードしていこうとする人は見あたらなかった。

　第1回全日本自動車ショウが開催されたのは、この年の4月20日から10日間だった。日比谷公園にはトヨタ、日産、いすゞ、日野などのメーカーに交じってプリンスのクルマが展示されて人気を博した。プリンス車は、トヨタRFやダットサンなどよりひときわ高級に見える乗用車であることで充分に存在感を示した。連日3〜5万人が会場を訪れ、自動車に対する関

1954年、日比谷公園で開催された第1回全日本自動車ショウ

心が高くなっていることを実感させた。

■プリンス自販の誕生

　販売はプリンス自動車のウィークポイントだった。その打破を図るために手が打たれたのである。それまで東京地区中心に片寄りがちだったが、いよいよ全国組織にしなくてはならなかった。電気自動車時代以来の代理店のほかに、ブリヂストンタイヤを通じて紹介された代理店と契約して拠点を増やしていった。

　1953年8月には西日本の拠点となる大阪営業所が開設され、初代所長には外山と共にプリンス自販に移っていた飯寺玄が就任した。販売や営業の経験がなく、見よう見まねで組織をつくっていったのだ。

　プリンス自動車販売(自販)の設立は、合併委員会の中から生まれたものだ。1954年2月に、東京市ヶ谷田町にあった営業所が分離独立し、本社機構は三鷹工場に置かれた。プリンス自工が6000万円に、富士精密が4000万円を出資、計1億円の資本でスタートした。

　初代プリンス自販の社長には、営業経験豊富な鈴木里一郎が就任、日本全国をまわって販売網づくりに率先して取り組んだ。会長は団伊能。設立当初のプリンス自販には、市ヶ谷営業所の人たちに加えて三鷹の工場から転出した技術者が多く、全部で95名でスタートしている。後にブリヂストンから営業のプロが来るようになるが、スタートは販売知識のない人たちが多く、販売第一線のセールスマンは、契約によるフリーセールスの人たちが中心となっていた。

　自販の専務に就任したのが外山保である。自工の自動車事業部長を兼務していたので、昼間は新車開発と生産設備拡充に取り組み、夕方から自販へ行く毎日が続いた。夕方から夜遅くまでの勤務になるので、夜勤専務と呼ばれたりしたという。

　市ヶ谷の営業所は手狭になり、かねて手配しておいた港区三田に

港区三田につくられたプリンス自動車販売の本社

96

ある土地に2階建てのプリンス自販の本社ビルが完成したのは1954年10月16日だった。これ以降ここがプリンス自販の本社として長い間活動した。

> 　トヨタは、創業直後に日本GMから営業販売のノウハウを獲得していた神谷正太郎をはじめとして4人を引き抜き、彼らに販売活動を任せている。1949年にトヨタが経営不振に陥って銀行から融資を受ける条件として製造と販売を分離するようにいわれて、自工と自販ができた。神谷が自販の社長になり、販売のトヨタといわれるようになるなど手腕を発揮して販売網を確立した。各地方の有力者を中心にして日本全国にトヨタディーラーを張り巡らせて、営業とクルマのサービスの充実が図られた。
>
> 　日産も、戦前から外車の輸入販売を手がけた梁瀬などの実力者を中心にして販売体制を確立した。戦後はそれを引き継ぎ、トヨタに対抗するかたちで全国的な販売網をつくった。とくに東京や大阪など大都市でトヨタより強かった。日産は、直営の販売店を持っていたが、トヨタのように販売会社を分離する方式はとっていない。
>
> 　なお、トヨタでも、1982年になって自工と自販が合併してひとつになっている。このときのトヨタ自工社長だった豊田英二は、戦後の混乱のなかで分離したもので、これによりトヨタの戦後は終わったというコメントを残している。分離は、トヨタ首脳の意志ではなかったことを強調したかったのであろう。

　トヨタがオースチンなどの販売を契機として値下げに踏み切ったことが呼び水となって、その後各社とも値下げに踏み切った。乗用車販売の本格的な競争が始まったとも言える。プリンスでもこの影響を受けて、132万円であったプリンスセダンは、1953年10月に120万円になり、54年2月には113万円、さらに各社とも一斉に値下げした4月には105万円となった。この価格は維持されたが、実質的には7月から96万円で販売することになった。

　そのいっぽうで、1954年は自動車の需要が落ち込み、各社とも下半期には操業短縮に踏み切った。プリンスでも9〜10月に操業短縮を実施、計画していた生産増強をしないことになり、月産1000台体制は先送りされた。需要が伸びるようになるのは1956年になってからのことである。

第7章 プリンスセダンからスカイラインへ

■クラウンとダットサン110型のデビュー

　颯爽と登場したプリンスセダンだったが、ビッグメーカーの新型車が登場すると全国的に見ると影の薄い存在にならざるを得なかった。クラウンと新型ダットサンが話題を独占するほどの勢いだったからだ。

　1955年1月に、示し合わせたようにトヨタから1500ccクラウンが、日産からは860ccながら新型となったダットサン110型が発売された。戦後10年たって、ようやく日本のトップメーカー2社が、古い乗用車から脱して、乗り心地を良くした乗用車専用シャシーとして設計した新世代の乗用車を登場させた。トヨタと日産が持てる技術を傾けた自信作であった。日本でも、ようやく海外のクルマに並ぶ国産乗用車ができたと、好意的に迎えられた。この2台の登場は遅きに失した感がなきにしもあらずだったが、日本の自動車産業の新しい出発を印象づけるものだった。

　　すでに1953年から54年にかけて、提携による国産車としてオースチンやヒルマン、ルノーが登場していたが、予想したほどの売れ行きを示していなかった。技術的な完成度で見れば、あとから登場したクラウンやダットサンより高かったはずだが、意外に苦戦している。これらヨーロッパのクルマは、舗装路をオーナードライバーが走ることを想定してつくられており、この時代の日本の国情にあわないところがあった。日本では乗用車の需要の大半を占めるタクシーのためにリアシートを優先したほうが売れ行きがよかったが、これらのクルマは運転する前

　席をゆったりとさせた設計になっていた。また、欧米の舗装路なら軽快に走る足まわりも、日本の悪路では耐久性に問題が生じた。タクシー用に前席に3人乗れるように改造したり、シャシー部品の交換などの対策がとられたものの、売れ行きは伸びなかった。

　クラウンやダットサンは、たちまちのうちに他のクルマをひきはなす販売台数を示した。日産の主力はオースチンではなくダットサンだった。ダットサンよりクラウンがひとまわり大きいので、タクシーの規格でダットサンは小型、クラウンは中型と需要を分け合って両車とも伸びていった。

ダットサン110型　　　　　トヨペットクラウン・スタンダード

　1954年の「たま」と富士精密による合併が進行しているころ、ダットサンとクラウンの開発が佳境に入っていたのだ。クラウンは1953年8月には試作1号車ができ、走行テストでトラブルを出して改良した2次試作車を1954年5月に完成させた。さらに走り込みをして完成度を高め、生産設備を充実させた上で発売を開始したのだった。

　ダットサンは旧型のモデルチェンジであるが、エンジン以外はすべて新しくなっていた。1954年9月に試作車が完成し、数万キロにわたる走行試験を実施していた。シャシーからボディまですべて新しくしたモデルの登場は、日産では戦後これが初めてであった。

　プリンス自動車をウサギに例えれば、トヨタや日産は亀ということになるが、速さで亀をリードすることがあったものの、このウサギはまだ小さくて、すぐに息切れするところがあった。その間に、着実な歩みを見せた大きな亀は、ウサギを悠々と追い抜いていった。しかも、足腰をしっかりと鍛えていたので、一定のスピード以上で歩むことができた。

■たび重なるプリンスセダンの改良

　ダットサンとクラウンは、発売までに周到な準備をして開発しており、トラブルが出ないように事前に走行テストを重ねた。トヨタや日産では、これが当たり前のことだった。

　プリンス自動車は、そうしたやり方をこれからとろうとしているところだった。プ

マイナーチェンジされたプリンスセダン

モダンなデザインのプリンスセダンのコクピット

リンスセダンやトラックは、クルマをつくり上げてすぐに発売した。あわただしく走りながら食事をとっているようなところがあった。初めてのガソリンエンジン車であり、急いで発売したこともあって、トヨタや日産に比較して経験が浅いぶん、トラブルも多く出た。

　プリンスセダンの、発売後のトラブルの主なものは、ボディ関係ではたて付けが悪いために起こる雨漏りやホコリの侵入、ドアの開閉不良など基本的なものが多かった。さらに、サスペンション用ラバーブッシュの破損などもあった。ときには、品質管理がしっかりしていなかったために製造過程でバラツキが生じ、一定の水準以下の出来のまま出荷されたものもあったようだ。

　プリンスセダンは、毎年のように細部にわたる改良が行われた。トラブル対策ばかりでなく、クラウンをはじめとするライバルたちの登場に対応して、スタイルや性能向上を図るためであった。

　高級・高性能をアピールしているプリンス車は、ライバル車に機構的に遅れをとるわけにはいかず、常に先進的であり続けたいという意識が、車両の大がかりな改良に踏み切らせたのだ。

　発売1年後の1953年には、車両幅を従来の1596mmから1655mmに拡大し、フロントグリルの変更に加えて、筒型ショックアブソーバーを採用するなどしている。2年後にもスタイルの一部変更、3年後の1955年には後述するようにエンジンを52馬力に向上させ、クラウンなどの乗り心地を優先した仕様のクルマに対抗するために、前後のリーフスプリングの枚数を減らして乗り心地の向上を図っている。同時にフロ

ントグリルだけでなくアメリ
カ車ふうスタイルに見えるよ
う、塗色をツートンにしてイ
メージアップをはかった。塗
装方法もラッカー塗りから、
新しくつくられた焼付塗装ラ
インでエナメル塗装にして光
沢のあるものになった。

ツートンカラーにしたプリンスセダン

　この半年後には、スタイル
の一部変更と国産初のチューブレスタイヤが採用されている。

　とくに大幅な改良はその翌1956年3月のフロントサスペンションの変更(AMSH型)
である。フロントの独立懸架に関してクラウンに先を越されたので、とりあえず追
いつくためであった。

　本来ならモデルチェンジされる新型から採用すべきものだが、新型の発売予定が
遅れる可能性もあるので、それまで待っていられないと判断したのだ。リジッドア
クスル式サスペンションから独立懸架方式(コイルスプリング使用のウイッシュボー
ンタイプ)への改造は、かなり思い切った変更である。

　この時代は、悪路での乗り心地を良くすることと耐久性を確保するという、両立
しにくい問題に取り組む必要が
あった。そのために、まず無難
で頑丈な方式から出発して、乗
り心地を良くするためにスプリ
ングを柔らかくしていきなが
ら、サスペンションのフリク
ション(摩擦抵抗)の低減、
ショックアブソーバーの機能向

独立懸架式になったフロントサスペンション

プリンスセダンの各年度モデルの主要諸元

発表時期	車名	全長(mm)	全幅(mm)	ホイールベース(mm)	乗車定員(人)	車両重量(kg)	最高速度(km/h)	搭載エンジン型式
1952年 3月	プリンスセダンAISH-Ⅰ	4290	1596	2460	6	1116	110	FG4A-10
1956年 3月	プリンスセダンAMSH-Ⅰ	↑	1645	↑	↑	1309	115	FG4A-30
1956年10月	プリンスセダンAISH-Ⅵ	↑	↑	↑	↑	1290	125	↑
1956年10月	プリンスセダンAMSH-Ⅱ	↑	↑	↑	↑	1300		↑

上（粘性減衰力による制振）、バネ下重量の軽減などが図られた。

その過程で、走行性能を決定するサスペンションのあり方を研究・追求していった。そのなかで得た知識と経験を総動員して、独立懸架方式の採用に踏み切ったのである。

他のメーカーには負けたくないし、負けるはずがないという誇りがプリンス自動車の車両開発の技術者たちにあった。研究熱心であり、海外の論文まで読み、眠る時間も惜しんで働いた。この時代の車両設計の主役の一人である日村卓也は、昼間は現行のプリンス車の改良、夜になると来るべき新型車の設計と、夜中の2時頃まで連日机に向かい、完全に二人分の仕事をこなしていたという。

■生産設備の合理化計画の実施

プリンスセダン、トラックに次いで、1955年にキャブオーバートラックを発売したプリンスは、トヨタや日産とは規模が違うにしても、売り上げを順調に伸ばした。1954年は月平均300台であったが、1955年終わりにはその倍の月産600台に達している。1956年になると景気の好調に支えられて需要は拡大した。

プリンス自動車は、1955年末までに生産設備の充実を図るために「第1次設備合理化計画」を立てた。主として設備の増設や補填により生産台数の増加をめざしたものだった。計画はやや遅れ気味となったが、この計画を達成して安心するわけにはいかなかった。ライバル車は次から次へと現れてきており、対抗上さらに大がかりな生産設備の投資が必要となった。

1956年から57年の2年間の「第2次設備合理化計画」を立て実行に移すことになった。

ねらいは、クルマの品質の向上とコスト引き下げにより、拡大していく市場の要求に応え、ライバルに負けない競争力をつけるためであった。これまでの貧しい生産設備のままでは対応

三鷹工場に設置された大形プレス機

102

できなくなってきたのである。

　三鷹工場の車体関係では、高性能プレス機の設置、高能率な汎用機械の設置と現有設備の更新、運搬工程とその設備の合理化が中心だった。これらにより、機械加工の精度が向上し、ボディ外板のゆがみが減少、塗装など外観の見栄えがよくなるとともに、生産工程の工数削減という効果が生まれた。

　荻窪工場のエンジン関係では、機械加工のための専用機の導入、組立ラインの更新、品質向上のための治具や機械設備の採用などである。これにより、部品精度の向上や互換性の確立、工数の削減が図られた。

　これらの長期計画を実施するには、1956年度だけで12億円もの経費が必要だったというが、この設備合理化により、それまでの生産にかかる工数の5割近くが節減されたというから、いかにその効果が大きいかわかる。

　精度をよくして品質向上が図れるから、これらをベースにして、新しいクルマの開発でそれが生かされて、技術的に高いレベルのクルマになる前提がつくられたのである。しかし、トヨタや日産ではとうの昔からやっていることだった。

■各種の走行試験などによるデータの蓄積

　プリンスのユーザーが増えてくるにつれて、寄せられるクレームに応急処置的な方法をいつまでもとるわけにはいかなかった。クルマの改良や来るべき新型モデルの開発に生かすためにも、従来とは異なる対応をとる必要があった。

　本格的な「耐寒試験」が実施されるようになったのは1956年2月からのことである。この最初のテストは雪の多い東北地方を中心にして10日間1647kmにわたる大がかりなもので、設計次長の田中次郎をはじめ11名の技術スタッフにより実施された。途中で、設計部長の中川良一、研究部長の戸田康明も参加するという熱の入れようだった。

　独立懸架にしたプリンスセダンと、ボンネットトラック及びキャブオーバートラックなど4台で、寒冷地での始動、暖房、防曇、バッテリー、ワイパーなどのテストか

各社の乗用車による走行テスト

ら、雪の付着や操安性の調査など、途中で積雪により走行不能となることがあった
りする中で行われた。

この直後の2月18日から28日までは自動車技術会の「四輪乗用車性能解析委員会」に
よる運行試験が、東京－名古屋－大阪－串本－津－名古屋－東京のコースで行われ
た。各社の乗用車が参加したもので、同行する技術者による交流、各社のクルマの
技術レベルの確認など技術者にとっては有益なテストだった。

各社の連合による試験は、1948年頃から実施されており、最初のうちは、トラブ
ル対策が中心だったが、このころになると操縦性や乗り心地などに関心が集まるよ
うになっていた。こうした走行テストによって集められたデータは、新しいモデル
開発に生かされた。

■初代スカイラインの開発の始まり

プリンスセダンのモデルチェンジにあたっては、クラウンやダットサンをはるか
に凌ぐ先進的なクルマにしようとしていた。新しいスタイルの魅力的なクルマにし
なくては、売れ行きを伸ばすことができなかったのだ。

1957年に初代スカイラインが、プリンスとそのファンの期待を集めて登場した。
その名を轟かすことになるスカイラインは、プリンスセダンを5年振りにモデルチェ
ンジしたものである。

最初のガソリンエンジンであるプリンスセダンは、わけがわからないなかで夢中
でつくり上げたところがあった。内外のクルマの機構を調べて、これでいけるはず
だと思って設計していたから、闇雲に開発したとはいえないにしても、あとから見
れば、怖いことをしていたと思わざるを得なかったろう。

マイナーチェンジを受けたフロントグリル

プリンスセダンは、プリンス自動車に
とっては習作ともいえるもので、スカイ
ラインがプリンス自動車の最初の本格的
な車両開発となり、自動車メーカーらし
くきちんとしたプロセスを踏んで市場に
出す最初の乗用車だった。試作車による
走行テストも、他のメーカー同様に本格
的に実施された。

この企画は1953年、つまりプリンスセ
ダンがデビューした翌年に始まり、基礎

的な構想が立てられたのが1954年5月のことだった。「たま」と富士精密が合併して設計陣が荻窪に集結した直後である。悪路に耐えられ、しかも国際的な競争力を持つ先進的な性能のものにするという、欲張ったコンセプトが立てられた。

　石橋会長は、一貫して高級車指向が強く、スタイルに関してもアメリカ車に勝るとも劣らないイメージのものにするように要請していた。石橋は、若いころから性能の良いアメリカ車に接してきたので、ゆったりとトルクのある大型車をイメージしていた。

　石橋は、トヨタや日産に並ぶメーカーにしようと、合併を契機にして、それまでより自動車の開発に関して積極的な姿勢を見せるようになっていた。そうしたオーナーの意向にも、設計陣は応えなくてはならないと考

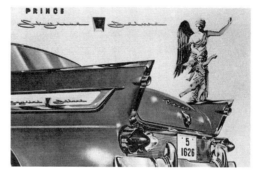

アメリカ車のようなスカイラインのテールフィン

え、プリンスセダンを上まわる評価を得るべく、構想を固めていった。石橋はこのスカイラインだけで満足せず、さらにこれより大きいクルマの開発を指示するが、それについては次章で触れることにする。

　スカイラインは、アメリカ車と見まがうようなスタイルになっている。サイズ的には小型車の範疇になるので、アメリカ車よりかなり小さくなるが、うまく造形的な処理が施されていた。

　　1950年代に入って、アメリカ車はスタイル的に変貌を遂げていた。豊かな生活をエンジョイするようになって、アメリカ車は過剰な装備をこらして豪華に見えるスタイルになっていった。その象徴といえるのがテールフィンの付いたスタイルである。1950年代初頭は、それほど目立たないものだったが、数年のうちにピンとたったテールフィンが存在感を示すようになり、たちまちのうちにアメリカ車の特徴になった。ヘッドライトを納めたフロントフェンダーの先端からベルトラインを通ってテールまで真っ直ぐな長いラインとなっていた。1955年に発売されるクラウンも、目立たなくしているもののテールフィンを持ち、アメリカ車の影響が見られる。いっぽう、小さい新型ダットサンのほうはヨーロッパ調のスタイルをしていた。

　プリンス自動車に専門のデザイナーが入ってきたのは1955年のことで、最初のうちは設計部に含まれて独立した組織にはなっていなかったが、毎年造形の教育を受

けた新人が入るようになり、次第に充実していく。プリンスセダン1956年型でV字型のフロントグリルにしたのが専門デザイナーの初仕事で、専門のデザイナーたちの本格的な仕事は初代スカイラインからである。

スカイラインでは、全体のスタイルは設計の技術者が採用する機構との関係で計画図を作成、全体のスタイルが決められた。それに基づいて、3人のデザイナーがフロントグリルやボディのモール類やオーナメントなどをデザインしている。

■斬新な機構を採用するスカイライン

トヨタや日産が試みていない優れた機構にするといっても、ムリをしすぎたのでは実用性がなくなってしまう。このバランスをとりながら仕様を決定することは最も難しいことだ。

スタイルや走行安定性をよくする基本は、車高を高くせずにフロア位置をさげることである。旧来から使用されているフレーム付きでは、腰高な感じにならざるをえなかった。

そこで考えられたのが、セミモノコック式ともいうべきトレー式フレームの採用である。背骨に当たるフレームにフロアとなるトレー部分を結合させた機構で、旧来のフレーム式と、この後の乗用車の主流になるモノコック構造との中間的なものである。プリンスの乗用車は、電気自動車のはしご型フレームから、ガソリンエンジン車でX型フレームになり、そしてスカイラインでトレー式へと進化したことになる。オースチンやルノー4CVなどは、すでに一歩進んだモノコックボディを採用していた。

本来ならモノコックボディにしたかったが、そのためには精度の高いボディをつくる技術が必要で、たて付けの悪いボディをつくってトラブルが生じているようではムリだったのだ。そこで、フレーム付きのようにボディの剛性を確保しながらフロア位置を下げることが可能なトレー式が選択された。この方式の代表的

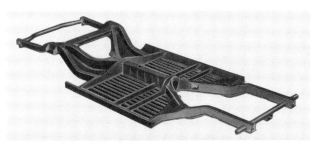

スカイラインの特徴のひとつがトレー型フレーム

なクルマがフォルクスワーゲン・ビートルやシトロエン2CVである。このトレー式フレームにエンジンやサスペンションなどのシャシーを取り付け、ボディを上に架装する。

　トレー式フレームにしたことによって、室内の広さや高さを犠牲にせずに、プリンスセダンでは全高が1640mmだったのに、スカイラインでは1535mmと100mm以上低くなっている。フレームの断面高さとその隙間のぶんだけ上下に余裕ができたのである。

　走行性能の決め手であるサスペンションも、注目すべき機構を採用している。

　フロントサスペンションは前年のプリンスセダンに採用した先進的な独立懸架式になるが、これはもともとスカイライン用に開発されたものが、先行してプリンスセダンに装備されたものだ。

　スカイラインを特徴づけたのはリアのド・ディオン式サスペンションだった。クラウンなどより一歩進んだ機構にするために選択されたものである。

　この時代のクルマはほとんどがフロントエンジン・リアドライブで、リアはリーフスプリングを使用するリジッドアクスル式が採用されていた。数多くのトラックに見られるタイプである。この方式にすると後部にあるデファレンシャル装置が浮動する状態になる。路面の凹凸などによる車輪の上下動

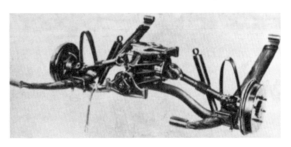

スカイラインのリアに採用されたド・ディオン・アクスル

変化につれて上下動するので、デフの部分がボディに当たらないようにフロアをある程度高くしなくてはならない。そこで、この欠点をなくすためにド・ディオン式サスペンションを採用したのである。

　これは、デフをフレームに固定してドライブシャフトはユニバーサルジョイントによってデフとホイールとが結ばれ、別にホイールは剛性のあるチューブによって連結されている。機構的に複雑になるが、バネ下重量の軽減効果もあって、走行性能に良い影響をもたらすとして採用されたものである。

　いっぽうで、ドライブシャフトの伸縮を吸収する機構を織り込む必要が生じる。その役目を果たすスプライン（軸方向に滑るように力を伝える歯車状の刻みを持つ

機械要素)が取り付けられた。このド・ディオン式サスペンションの採用がスカイラインだけでなく、プリンス自動車の行方を大きく左右したといえる。

　また、使用するリーフスプリングのフリクションを減らすために3枚ばねにしている。枚数が多いほうが強度的には無難であるが、乗り心地をよくすることができない。3枚にするのは思い切ったことで、幅を広くした耐久性のあるスプリングにしている。スプリングの設計を日村の下で担当したのが桜井真一郎である。

　サスペンションに使用するラバーブッシュ類も、プリンスセダンの経験を生かして、ゴムメーカーと共同開発され、走行性能を良くしながら耐久性に優れたものにすることができた。

　　トヨタのクラウンはフレーム付きだったが、フレームのつくり方を工夫してフロアを低くしていた。フレームを閉じ断面(コの字型でなくロの字型)にするとフレームの高さを低くすることができる。そのかわり従来は必要なかった溶接をしなくてはならない。溶接機の導入が必要で、作業工程も増える。ダットサンも同様に工夫されてフロアを低くした設計になっている。

　　クラウンのリアサスペンションは特別なものではなく、リーフスプリングを用いたリジッドアクスル式である。ダットサンの場合は前後とも手堅いリジッドアクスル式を採用している。ただし、スプリングの摩擦を小さくしたりラバーブッシュを挿入して乗り心地を良くするなど、振動がボディに伝わらないよう配慮されている。旧型ダットサンの良くないところ、例えばホイールベースが短いことやボディ剛性が低いという欠点を無くすように設計されたので、新型は機構を形式的に見ただけではそれほどの進歩がないように思えても、乗ってみれば歴然とした違いがあった。それが評価されて販売は好調だった。

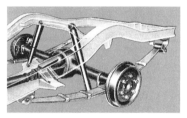

クラウンのリアのリジッドアクスル

　トヨタのクラウンや日産のダットサンに比較し、スカイラインは機構的に複雑でコストのかかるものになっているが、乗り心地をよくし走行性能を向上させ、スタイル的にも高級車のイメージを出そうとするものであった。

　トヨタや日産では、クルマの生産にかかるコストを考慮して開発が進められたが、プリンス自動車では、そうした配慮はほとんどされていなかった。それより、機構的にむずかしくとも、そのほうがいいクルマになるのであれば、ためらうことなく採用されるところがあった。技術的な挑戦は、むしろ歓迎されるムードがあ

り、良いものにするにはコストがかかるのは当たり前と考えていた。

　技術的にむずかしいことに挑戦することで、他のメーカーより進んだ機構やシステムの開発に成功し、性能的に優れたものを生み出すもとにもなった。先進的な機構を採用したことにより、マニアに高く評価されるが、一歩間違えば、危険なところに足を踏み入れる可能性があったことも事実であろう。石橋をたたいても渡らないといわれたトヨタ自動車とは対照的だった。

　スカイラインの開発過程で、技術者の充実が図られている。これまでは欠員が生じたときに経験者などを中途採用して凌いできたが、学卒者の定期採用が始まった。富士精密といえば、中島飛行機の伝統が生きており、ロケットなどの最先端技術を追求していることなどで、工学部出身者にとっては魅力的な企業と見られた。自動車好きだけでなく、飛行機に興味を示す学生も入社を希望し、優秀な若手が入ってきて、開発部隊に加わった。

■試作車による走行テストの実施

　スカイラインの試作車は1956年5月に完成した。従来は生産部に属していたが、1954年の合併で荻窪に集結して誕生した試作課でつくられたものだ。はじめは10人足らずで発足したが、試作車ができるころには60人の所帯になり、木型、板金、組立、機械などのグループができ、その後も試作課は充実が図られていく。

　スカイラインの試作車は7台つくられた。これも画期的なことである。

　性能試験や耐久テストは6月から始められた。担当するのは実験部門で、この部門の実験項目は、エンジンからボディやシャシーなど多岐にわたっており、各シス

プリンスセダンがモデルチェンジされ誕生した初代スカイライン

スカイラインのコクピット

三鷹工場でラインオフするスカイライン

テムごとの強度や性能などのテストが含まれており、試作車の走行テストを実施する走行実験はその一部である。

　試作車による耐久走行が実施されたのも、プリンス自動車ではスカイラインが最初だった。初めのうちは昼間だけの走行だったが、それでは間に合わないと、1956年12月からは昼夜2交代で耐久走行試験を実施した。1日に700kmも走る日もあった。

　本格的テストコースがないから一般公道を走ることになるが、スタイルなどは企業秘密である。そこでパットを入れたりして外からはスタイルが判らないようにカバーを付けて走る。前後や左右の窓の部分だけを空けているものの、視界が悪く運転のしづらいものだった。

　未舗装路が多い一般道は、耐久試験にはもってこいだった。走行中にサスペンションのスプリングが折れたりしてストップし、救援を仰がなくてはならず、また交通事故に巻き込まれたりと、はかどらないこともあった。高速走行をするために夜間にクルマの通行がなくなる埼玉県の本庄や深谷のほうまで行った。プリンスの耐久試験のあり方を確立したのが走行実験チーフの後藤健一であった。

　ここで生じたトラブルを対策し、生産に移すことになる。弱いところは補強しな

初代スカイラインの主要諸元

発表時期	車名	全長(mm)	全幅(mm)	ホイールベース(mm)	車車定員(人)	車両重量(kg)	最高速度(km/h)	搭載エンジン型式
1957年 4月	スカイラインALSID-1	4280	1675	2535	6	1310	125	GA30
1960年 2月	スカイラインALSID-2	4380	↑	↑	↑	1315	130	GA4
1961年 5月	スカイライン1900デラックスBLSID-3	↑	↑	↑	↑	1340	140	GB4

くてはならず、そのために重量増となった。悪路に耐えられるクルマにするには仕方ないことだが、まだまだ軽快に走るクルマを日本でつくるのはむずかしい時代だった。

■豪華な歌謡ショー付きの発表会の開催

　1957年4月24日、東京日比谷の宝塚劇場でスカイラインの発表会が開催された。劇場を借り受けて、作曲家団伊玖磨による「スカイラインの歌」が披露され、華やかな歌謡ショーが繰り広げられるなかでの発表会だった。クルマの発表会を派手なイベントとして開催したのはプリンス自動車が最初だった。ちなみに、作曲家団伊玖磨はこのときの富士精密工業の団伊能社長の息子であった。

　宝塚劇場の舞台の上には、スタンダードとデラックスのスカイラインをはじめ5台の新型車が並び、この日の主役を務めた。盛りたてるために、小坂一也、ペギー葉山、ビンボー・ダナウ、八波むと志などがショーに出演した。

　派手な発表会があったからではないが、スカイラインの評判はまたまた大変良かった。狙いどおりトヨタや日産にないクルマであると評価された。最初からタクシー用のスタンダードと、個人や法人向けのデラックスの2種類を用意したのも、日本ではこれが最初だった。クラウンはデビューの1年後の1956年に装備を充実させて外観もモールなどで飾り立てたデラックス仕様を発売したところ、価格が高くても非常に評判が良く、売れ行きが良かった。

はなやかな歌謡ショーのスカイライン発表会

販売店におけるスカイライン発表展示会

4灯式となった1960年のスカイライン

スカイラインは、車高が低く洗練されたイメージがあり、走行性能の良さが評価された。悪路での乗り心地が良く、後輪の接地性が良いのはリアのド・ディオンアクスル式サスペンションによるものだった。

しかし、このリアアクスルから異音が発生して、発売してからクレームが寄せられた。乗り心地がよくなった反面、複雑な機構を採用したことによるマイナス面が現れてきたのだ。

ドライブシャフトの伸縮を吸収するためのスプラインの滑りが悪いことが原因だった。スプラインの加工精度の問題でもあったが、そのままにしておくとドライブシャフトのトラブルにつながる可能性があるので、対策したスプラインが新しくつくられた。なお、このスカイラインには60馬力にパワーアップされたエンジンが搭載されていた。

スカイラインと命名したのは石橋正二郎だった。プリンス・スカイラインと呼ばれたが、連なる明峰と澄んだ空をイメージさせるスカイラインとクルマを重ね合わせたのはなかなかのものである。

もっと早くスカイラインを発売したかったのだが、開発が間に合わなかったのだ。直前になって発表会の日程を決めて、それにあわせて開発を急ぐことになり、生産設備の更新まで手がまわらないのが実情だった。

プリンスセダンは1956年終わりからスカイラインに代わる前までは月産100台前後のペースで推移していたが、スカイラインを発表した1957年4月の1か月間の乗用車生産はわずか9台だった。5月にようやく47台、6月から100台以上になり、その後は

モーターショーにおけるスカイラインとプリンス首脳陣

軌道に乗って増産が図られている。プリンスなりに設備の拡充を図ったとはいえ、トヨタや日産に比較すると、まだまだ差が大きかった。

　なお、1960年2月にマイナーチェンジされたスカイラインは、4灯式ヘッドライトを採用、同じく4灯式となってデビューしたセドリックは同年3月発売だったから、スカイラインは日本で最初の4灯式採用のクルマとなった。

　なお、スカイラインに採用されたトレー式フレームは、その技術が評価されて、設計の田中次郎と日村卓也が自動車技術会から表彰された。

■新型トラック・マイラー及びクリッパーなど

　乗用車のほうが注目度が高いこともあって記述が多くなりがちだが、この時代はトラックが生産販売の中心だった。プリンス自動車も例外ではなく、トラックの生産はコンスタントに乗用車の3〜4倍だった。主要商品はトラックだったのである。もっとも、この数字のなかには乗用車ベースのライトバンも数えられているから、これを乗用車のほうにまわせば、トラックは2倍ほどの生産台数になる。それでもトラックが「飯のタネ」だったことに変わりはない。

　プリンスセダン同様に毎年改良が加えられたトラックは、ピックアップトラックやルートバン、さらにはセミキャブオーバータイプなどのバリエーションを追加した。

　トラックはスカイラインにやや遅れて1957年9月にモデルチェンジされて、プリンス・マイラーになっている。マイラーとは1マイル競走馬を意味していた。スタイルは無骨な旧型から洗練されたものに変わり、フロントウインドウも平面2枚ガラスから曲面ガラスになり、ホイールベースを長く

プリンス・スカイウエイ・ライトバン

モデルチェンジされて誕生したプリンスマイラー

国産車初のフルキャブオーバートラック

キャブオーバールートバン

モデルチェンジで登場したプリンス・クリッパー

して荷台の面積を拡げている。スカイラインと同じようにパワーアップされたエンジンが搭載されており、力強さで評価された。

1955年4月に新しいトラックとしてキャブオーバータイプが開発された。この企画は富士精密系の藤井米夫によって出された。これはスバルP1用にエンジンを提供した際に、その連絡用にイギリス製ヘッドフォード・セミキャブオーバータイプの小型ワゴンを使用したことにヒントを得て、エンジン営業担当者がフルキャブオーバートラックの企画を提案したのがきっかけだった。この開発を担当したのが浜松のミシン工場から移ってきた藤田喜作だった。それまでは「たま」系の技術者が車両設計に当たっていたが、これ以降、開発責任者は複数になった。

キャブオーバータイプにするとボンネット部分がなくなったぶんだけ荷台を大きくすることができるので、現在のトラックはこれが主流になっているが、当時はまだ少数派だった。

その先駆けになるのがトヨタSKBトラックで、1954年に発売された。その後、1956年

にトヨエースという名称になっている。これは1000ccクラスのS型エンジンを搭載したもので、トヨエースは厳密にいえばセミキャブオーバータイプになるから、プリンス自動車のフルキャブオーバータイプのトラックは、日本では最初になる。トヨエースよりひとまわり大きく1.75トン積み（フレームを強化して1年後に2トン積みになる）だった。ステアリング

新しいコンセプトで開発されたプリンス・ホーマー

機構やラジエターなどはセミキャブオーバートラックの、リアアクスルなどはボンネットトラックの機構を流用して、コストを抑えてつくられている。

　これが1958年にモデルチェンジされて、クリッパーと名付けられた。足の速い馬という意味のクリッパーは、ラジエターグリルを無くして楕円形の穴が2列上下に3つずつ並んだシンプルなデザインになっており、このトラックの力強さを印象づけるイメージだった。

　従来の2人乗りから3人乗りになり、2トン積みの荷台は3180mmと長くなっている。また、エンジンの上にキャブがあることから運転席に熱が伝わりやすかった欠点をなくし、乗り心地の向上など改善が図られた。

　このほかに、販売の好調なトヨエースのライバルになるべく開発されたのがホーマーである。これは住之江製作所からきた増田忠が設計チーフとなった。トーションバーを使用した独立懸架式にしてエンジンを30度傾けて搭載、全高をできるだけ低くしたキャブオーバートラックである。クリッパーの頑丈さが売りもののトラックとは異なる先進的なコンセプトだった。

プリンストラック各車の主要諸元

発表時期	車名	全長 (mm)	全幅 (mm)	ホイールベース (mm)	積載量 (kg)	車両重量 (kg)	最高速度 (km/h)	搭載エンジン 型式
1952年 3月	プリンストラック　AFTF-1	4200	1590	2550	1200	1248	80	FG4A-11
1958年 4月	ニューマイラー　ARTH-1	4680	1695	2800	1750	1580	96	CA30
1965年 7月	マイラー　T440	↑	1690	2865	↑	1470	125	G2
1955年 4月	キャブオーバー　AKTG-1	4290	1670	2240	↑	1620	85	FG4A
1958年10月	クリッパー　AQTI-1	4690	1695	2345	2000	1630	95	GA30
1964年 4月	ホーマー　T640	4330	1690	2260	1250	1225	105	G1

プリンス車として、完成度の高いものに仕上げられたが、プリンスのトラックは丈夫で長持ちするのが取り柄であると評価されていたために、あまり成功作とはならなかった。トヨエースのように先行して一定の評価を受けた強い商品に対抗するのは並大抵ではできないことだった。まして、生産設備の合理化や販売体制の確立などでトヨタが大きくリードしていたので、簡単にシェアを奪うことはできなかったのだ。

なお、1958年からトラックの製作を昭和飛行機にも協力してもらい、1964年には、生産累計10万台を達成している。

1957年の小型トラックの生産台数はトヨタ43,423台、日産26,937台、富士精密8,582台である。次いで1958年はトヨタ45,222台、日産30,323台、富士精密8,808台で、メーカーの大きさを反映した数字になっている。ちなみに、1960年になるとトヨタ82,591台、日産49,488台、富士精密19,768台といずれも大幅な伸びを示し、それまでと次元の違う時代が訪れようとしていた。

1954年に発売されたトヨエースの前身のトヨタSKBトラックは、オート三輪車からユーザーを奪おうとする意図を持ったトラックだった。戦後は日本独特の輸送機関として四輪トラックの倍以上の売れ行きを維持したオート三輪車は、生活が豊かになるにつれてパワーアップが図られ装備が充実してきた。次第に高級化することによって車両価格は高くなっていった。それに目を付けたトヨタでは、オート三輪車に近い価格にした小型トラックを発売すれば、オート三輪から乗り換えるユーザーを掴むことができると予測して、コストを抑えたトラックSKB型を開発した。最初はオート三輪との価格差があったが、すぐに思い切った価格の引き下げを行い、販売網を拡充させたことにより、1955年になるとトヨタSKBトラックは急速に売り上げを伸ばした。

オート三輪車の売れ行きがにぶり、マツダやダイハツはオート三輪車メーカーからの転身を図る必要に迫られた。販売の好調なトヨエース（トヨタSKB）は、クラウンとともに1950年代の後半にトヨタを大きく飛躍させるクルマに成長した。ダイハツミゼットやマツダK360などの軽三輪トラックは、従来のオート三輪車の落ち込みをカバーするために開発された新商品で、かなりヒットした。しかし、間に合わせ的なシンプルな機構の三輪車の時代は終わりつつあり、トラックの中心も機構的に確固とした四輪車に移行するのは時代の流れだった。その後、1960年代に入ってか

トヨエースの前身であるトヨタSKBトラック

ら、量産設備を持ちエンジンを開発する能力のある東洋工業や発動機製造は、マ
ツダ、ダイハツブランドをひっさげて自動車メーカーに転身することになり、自
動車業界はますます競争が激化していく。

■景気の波とクルマの生産体制

　クラウンやダットサンは、好景気に支えられて順調に販売を伸ばし、プリンス自
動車も好景気の恩恵を受けた。1956年の好景気は、これまでに経験したことのない
ものであることから、"神武景気"と表現された。

　その後も、ときには不況の波の影響を受けて販売が伸びないことがあったが、全
体としては右肩上がりを持続していた。

　1957年になると、スエズ動乱を契機とする国際的な物価の高騰による輸入の超過を
懸念して、1958年には再び金融引き締めが行われ、好景気に水が差された。順調に販
売を伸ばしてきたプリンス自動車も、このときは苦戦を強いられた。しかし、それも
一時的なもので、すぐに回復し、それ以降は長期的な経済成長が続いていく。その一
方で、細々と経営を続けていた戦前からのメーカーがいくつか、時代の波にさらわ
れるかのように姿を消していった。

　1954年に経営が悪化したオオタ自動車は、1956年になって倒産した。かつては競
争相手だったダットサンに太刀打ちする術がなかったのだ。
　もうひとつの戦前からの名門のオート三輪を主力としていた「くろがね」の日本
内燃機も、三輪車の販売低下の影響をもろに受けて経営が立ちゆかなくなった。
オオタとくろがねの持つ技術を生かして新しい自動車メーカーとして再生させよ
うと、両メーカーをベースにして東急くろがね自動車がつくられた。しかし、巨
大化する自動車メーカーに対抗することはむずかしく倒産した。
　同社を日産自動車が買い取った。この主力工場が神奈川県茅ヶ崎近くにあり、
後に傘下の日産工機として日産のエンジンを生産する工場になり、日産と合併後
しばらくしてプリンス系のエンジン技術者の多くがこの日産工機で働いている。

第8章 エンジン出力の向上と初代グロリアの登場

■エンジンの改良とトラブルの発生

　「たま」系の技術者によって車両の改良が加えられたのに対応して、富士精密系の人たちによってエンジンの改良が実施された。

　富士精密では、中島飛行機時代からの慣行で常に性能向上を図れるように準備を怠らなかった。設計技術者は外国文献に目を通して欧米の最新技術の動向に注意し、実験担当は各種のテーマを設定して実験を行っていた。

　最初にFA型エンジンを改良するのは、トヨタ、日産、プリンス、いすゞ、日野の5社のエンジンの性能試験が1953年12月16日から、通産省から委託を受けた自動車技術会で実施されたことがきっかけとなった。大学の自動車関連の講座を持つ教授と各メーカーのエンジン技術者が立会人となり、性能試験や摩擦損失試験、重量測定などのほか、自動車テストコースでの定地走行試験が行われた。

　プリンス自動車のFG4A型エンジンは、他のメーカーのエンジンに対して遜色ない性能を示した。しかし、摩擦損失が大きく、エンジン重量はもっとも重かった。性能や信頼性が同じレベルなら、軽量のほうが総合的にはすぐれている。

　自動車技術会のテスト結果を踏まえて、重量の軽減と性能向上を狙いとしたエンジンの改良に着手した。

　軽量化するにはシリンダーブロックの駄肉除去が効果的である。近年はコンピューターを使用するシミュレーションによりムダなく軽くて信頼性のあるものに

することが可能になっているが、この時代は、試行錯誤でエンジンの耐久性を確保していたので、安全を考えて重くなりがちだった。

新山専務は、エンジンが重くても耐久性があればいいから、それほど軽くしなくて良いという意向を示した。担当する岡本は、出来上がっているブロックが図面にあるものより厚い肉厚になっており、その修正が主で、ついでに補強のために付けられたリブを一部削るだけだから、軽量化しても耐久性の問題が出ないと考え、計画どおり改良を加えた。

摩擦損失を小さくするためにピストンリングは4本から3本構成に変更、ピストンそのものも軽量化した。運動部品を軽くするのは意味のあることだ。さらに、性能向上のために圧縮比は6.5から6.8にした。プジョーエンジンはもともと6.8であり、日本のガソリン事情も問題なかったからだ。さらに、マニホールドは吸排気の流れを良くする形状に変更された。

改良されたエンジンは45馬力から52馬力に向上し、エンジン重量は21kg軽くなり、約170kgとなった。これはFG4A20型と称され、1954年2月からプリンスセダンとトラックに搭載された。クラウンに搭載されたトヨタ1500ccR型エンジンは48馬力だったから、国内最高を奪い返したが、この改良は成功とはいえなかった。

52馬力エンジンに変えて半年ほど経過したころから、ピストンの破損、さらにシリンダーブロックのトラブルが相次いで起こった。いずれも、軽量化したことにより耐久性がなくなったのが原因だった。

トラブルの発生したエンジンを開けてみると、ピストンは頭頂部からスカート部にかけて割れていた。ピストンの強度不足だった。

岡本が航空エンジンの技術者で、自動車のピストンの材料についてよく知らないことがあったのだ。

ピストンの材料は、同じアルミ合金だったが、航空エンジン用ピストンは鍛造Y合金を使用するのに対し、自動車用は熱膨張が少ないシリコン含有量が多いローエック

直列4気筒型エンジンシリーズの主要諸元

型式	ボア×ストローク (mm)	配列・気筒数	排気量 (cc)	バルブ配置	圧縮比	出力 (ps/rpm)	トルク (kgm/rpm)	発表時期
FG4A-10	75×84	直列4気筒	1,484	OHV	6.5	45/4,000	10.0/2,000	1952
FG4A-20	〃	〃	〃	〃	6.8	52/4,200	10.4/2,400	1955
FGA-30	〃	〃	〃	〃	7.5	60/4,400	10.75/3,200	1956
GA4	〃	〃	〃	〃	8.3	70/4,800	11.5/3,600	1959
GR1※	〃	〃	〃	〃	―	98.2/6,400	13.2/4,400	1964

※は第2回グランプリ出場のためチューニングしたエンジンを示す。

ス合金を使用していた。このため、硬くて脆い傾向があったのだ。

　トラブルが出てそれを知った岡本は、日本ピストンリングの信頼している技術者に相談し、外国の文献や資料を調べ設計し直した。さらにピストンメーカーのアート金属工業に依頼して、彼らの持つノウハウを織り込んで改良型ピストンをつくり上げた。このピストンは、その後トラブルがないだけでなく、シール性がよくて岡本の気に入りとなっている。

　それまでは、多くの部品を内製していたが、このときからピストンを外注に変えた。ほかのものも性能が確保されているものは外注することにした。そうすれば、設計図も部品メーカーで描き、チェックするだけで済む。トヨタなどが前から実施しているやり方だった。

　問題はシリンダーブロックだった。クラックが入ったシリンダーブロックから冷却水が漏れ出していた。単に補強しただけでは直らないトラブルで、鋳物からつくり直さなくてはならなかった。トラブルの起こる頻度は高く、多くの対策したシリンダーブロックを新しく用意することになった。

　不幸中の幸いだったのは、この当時の生産台数が多くなかったことだ。そのため、素早く対応することができたのである。

■トラブル対策と出力の向上

　そこで、計画にはなかったが、早めに次のエンジン改良に着手することになった。改良型エンジンを素早く市場に出すことが可能な体制になっていたのだ。

　ちょうど日本気化器と共同開発をつづけていた新しいタイプのキャブレターが実用化できるようになったところだった。

　このキャブレターの開発に富士精密側として取り組んでいたのが住之江製作所から中途入社していた青地康雄だった。

　ダットサンのボディを製作するかたわらフライングフェザーというユニークな軽自動車をつくって注目された住之江が経営的に行きづまった結果、青地たち技術者5人が中途採用により富士精密に入ってきてい

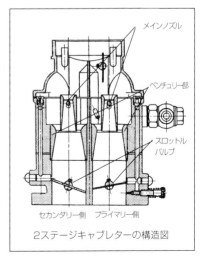

メインノズル

ベンチュリー部

スロットルバルブ

セカンダリー側　プライマリー側

2ステージキャブレターの構造図

たのだ。

　開発したのは2ステージ（2連）キャブレターと呼ばれるもので、それまでのキャブレターは高速域での出力を優先すると低速域での回転が悪くなる傾向があったが、どちらの領域の性能も犠牲を小さくすることができたすぐれものだった。プライマリー側とセカンダリー側と二つのキャブレターをひとつにまとめた方式にしてつくり上げたのである。高速域と低速域の領域をどちらも一定のレベル以上の性能にするのはむずかしいことで、エンジンは低速型（実用重視）と高速型（スポーツ性重視）と性格がわかれていたのだが、どちらにも適合するキャブレターの開発は画期的なことで、これは日本気化器の特許となった。

　共同開発したことから、この後2年間は独占的に富士精密に供給されることになった。その後は各メーカーもこのキャブレターを使用するようになり、日本気化器は取引先をひろげた。

　2ステージキャブレターを使用することで、それまでの息付きをして不調が出る傾向が改善されただけでなく、一挙に性能面でリードすることができた。なお、エンジンの高速型と低速型という性格の違いをなくして両立させる努力は、以後もつづけられている。

　このときにアメリカの自動車エンジンが採用している12ボルトの電装品に切り替えられた。それまでの6ボルトのものより、点火プラグから強い火花を飛ばすことができて燃焼が安定した。このほかにも、吸排気系など細部にわたって見直された。もちろん、ピストンとシリンダーブロックの対策は万全で、このFG4A30型は60馬力/4400回転の性能だった。富士精密はリッターあたり40馬力を発揮する、国際水準に達したエンジンを持つことができた。

　このころには、各メーカーによる馬力競争がユーザーの関心を巻き込んで展開されていた。この性能が他のメーカーの目標になったのである。

　下手をすれば会社をつぶしかねないと、シリンダーブロックのトラブルに責任を感じていた岡本に対して、富士精密の首脳陣からは何のおとがめもなかった。若い技術者は失敗して成長するので長い目で見る、中島飛行機時代からの気風が生きていたのである。

　岡本は「生兵法は大けがのもと」という諺が身に染みたという。航空エンジン技術者から自動車のエンジン技術者への転身を果たすための試練だった。

　このFG4A30型は1956年11月から生産に移され、翌57年4月の初代スカイラインに搭載された。信頼性があり、出力性能にも優れたエンジンは、スカイラインの評判

をさらに高める効果があった。

■1500ccエンジンの集大成として70馬力を達成

エンジン改良はつづけられた。FA4A30型を出してすぐに、改めて性能向上が図られた。基礎的な解析実験が繰り返し実施され、そのデータをもとに細部にわたって改良が加えられたのである。

空気の流れをスムーズにするにはどのような形状のマニホールドやポートにしたらよいか、燃焼室の形状のわずかな違いがどのように性能に影響するか、エンジン回転を上げたときに摩擦損失はどのように増えるか、それを減らすためにどうしたらよいか、出力が向上すると冷却が厳しくなるのでどのように対処するかなどである。

そのエンジンのシリンダーボアの大きさや燃焼室の形状、バルブの配置や大きさなどの違いによって、吸入される混合気の流れ方などが違ってくるので、最適な仕様を求めて、ものを実際につくって実験を繰りかえさなくてはならない。このあたりは、設計と試作と実験のコンビネーションが重要である。中島飛行機時代の伝統が生かされたのだ。

1959年10月に完成したFG4A40型(のちにプリンス自動車に社名変更したことによりGA4型に改称)は、70馬力/4800回転と、1500ccエンジンとしては世界的に見てもトップクラスの性能となった。これにより初代スカイラインの最高速度は125km/hから130km/hにアップした。

最高出力の高いこともさりながら、このエンジンはオイル消費も少なくなり、燃費性能も優れていた。また、低速域を犠牲にして出力を上げていたわけではないから、使いよいエンジンになっていた。翌年に、このエンジンを開発した設計の岡本と実験担当の増田哲三は、代表として日本機械学会賞を受けた。

岡本は、これでようやく自動車用エンジンとして恥ずかしくないものになったと胸をなで下ろした。

70馬力となったFA40型エンジン

■1900ccエンジンとショーモデルの開発

　プリンス自動車では、1955年ごろから1500ccエンジンをベースにした排気量の大きいエンジンの開発を始めた。設計陣は当面1500ccより大きいエンジンの必要性はないと考えていたが、石橋会長が小型車枠を超えたクルマをつくるように指示したのがきっかけだった。

　「たま」と富士精密の合併を契機として、石橋はプリンス自動車を国際的な自動車メーカーに育てようと具体的な方策を考えたのである。乗用車がタクシー仕様を中心につくられている現状に満足していなかったのである。

　石橋から二つのプランが提示された。ひとつは、1900ccにエンジンを拡大して現行のプリンスセダンより全幅を100mm、全長を200mm大きくした普通車。もうひとつは、さらに2400ccOHCエンジンを開発し、外国車に見劣りしない斬新なスタイルのクルマだった。

　この時代、国産乗用車は小型車に属するものしかなく、プリンスセダンはそのなかでは大きいほうだった。したがって、設計陣はそれより大きいクルマをつくっても販売がむずかしいと考えていた。石橋は、あるべきクルマの姿を追求したかったのだろうが、設計陣の考えとは噛み合わなかった。

　　クルマのあるべき姿は、その人が初めて興味と関心を抱いたクルマのイメージに規定されるところがある。たとえば、高年齢者の多くの人はスバル360やサニー1000などに親愛感を抱いているのは、若いころ、それらによってクルマの面白さを味わったからであろう。今、それらに乗っても失望するかもしれないが、良く走るクルマとしての強い印象が残っているはずだ。それが、その後のクルマを見る基準になっていると思われる。

　　石橋の世代では1910年から20年にかけてのアメリカ車がクルマのあり方を決めていたのではないだろうか。本田技研工業の本田宗一郎社長も、リジッドアクスルのゆったりとしたアメリカ車を理想と考え、2ボックススタイルで、進んだ機構の四輪独立懸架を採用した初代シビックの開発に抵抗を示したいきさつがあった。

　石橋の提案に、田中次郎をはじめとする設計陣は困惑したのが正直なところだった。しかし、石橋の提案を無視することはできないとして、気が進まないままこの計画に沿ったクルマの開発が実行に移されることになった。

　設計部では、プリンスセダンの改良と、それに続くスカイラインの開発などが進行しており、石橋の提案するクルマを優先して、そちらを遅らせるわけには行かなかった。シャシーとボディ設計は、この当時18人しかおらず、実験部隊も12人で、

異なるプロジェクトを同
時進行するほどの余裕が
なかった。

　そこで、主流となるク
ルマの開発は日村卓也が
中心となり、スタッフも
こちらを優先させたが、
石橋のプランを実行に移
すために「SJ乗用車委員
会」がつくられ、新山専務
がその委員長となり、田

モーターショーで注目を集めたプリンスBNSJ

中次郎が石橋のお守りをするように普通車の開発を担当することになった。つま
り、できるだけ人員と費用をかけない範囲で、石橋の意向に沿うことにしたので、
腰の引けた開発にならざるを得なかった。

　こうした態度が石橋に伝わらないはずがない。後に、当時の思い出に触れたときに、
石橋は「自分の意向を示すと、多く人たちが冷ややかに見ていた」と語ったという。

　このときにつくられたエンジンが、1500ccFA型のボアを75mmから84mmに拡大し

スカイライン1900として発表された展示車

たFG4B型である。ウエットライ
ナーを取り去り、普通のエンジ
ンのようにライナーをシリン
ダーブロックと一体鋳造したも
のである。1500ccエンジンのシ
リンダーブロックを流用し、拡
大できる限度までボアアップを
図り排気量1862ccにし、パーツ
類の多くは流用するか強化した
ものである。

FG4B型エンジンの主要諸元

型　式	ボア×ストローク (mm)	配列・気筒数	排気量 (cc)	バルブ配置	圧縮比	出力 (ps/rpm)	トルク (kgm/rpm)	発表時期
FG4B-20	84×84	直列4気筒	1,862	OHV	7.5	75/4,400	14.8/2,800	1956
GB30	〃	〃	〃	〃	8.5	80/4,800	14.9/3,200	1959
GB4	〃	〃	〃	〃	8.5	94/4,800	15.6/3,600	1961

　これを搭載する車体は、石橋の好みに合うようにつくられた。スタイルは当時のシボレーに似たもので、日本規格の3ナンバー車に近いサイズの試作車が2台つくられた。このときのエンジン性能は75馬力だった。サスペンションなどはスカイラインのものが流用された。

　1956年4月に開催された東京モーターショーにこの試作車が参考出品された。BNSJと呼ばれたクルマである。アメリカ車を思わせるクルマをつくったということで、当時の日本人のクルマに対する憧れをかたちにしたところがあり、観客の関心を集めた。他のメーカーではまねできない立派な大きさのクルマは、プリンス自動車が独自の道を歩んでいることを印象づける効果があった。しかし、あくまでもショーモデルとしての評価で、購入となると問題は別だった。

　この時代に、ここまで高級化したクルマを購入できる層が少ないのは明らかだっ

初代グロリアと
その室内の一部

初代グロリアの主要諸元

発表時期	車名	全長 (mm)	全幅 (mm)	ホイールベース (mm)	乗車定員 (人)	車両重量 (kg)	最高速度 (km/h)	搭載エンジン 型式
1959年 2月	グロリア　BLSIP-1	4360	1675	2535	6	1340	135	GB30
1961年 2月	グロリア　BLSIP-3	4380	↑	↑	↑	1360	140	GB4

| 項目
車名 | エンジン | | | | 車体 | | 最高速度
(km/h) |
	排気量 (CC)	最大出力 (ps/rpm)	リッター当たり出力 (ps/リッター)	最大トルク (kgm/rpm)	重量 (kg)	馬力当たり重量 (kg/ps)	
プリンス グロリア	1,862	80/4,800	43.0	14.9/3,200	1,340	16.7	135
プリンス スカイライン	1,484	70/4,800	47.2	11.5/3,600	1,310	18.7	130
ニッサン セドリック	1,488	71/5,000	47.8	11.5/3,200	1,170	16.4	135
トヨペット クラウン	1,453	60/4,500	41.4	11.0/3,000	1,225	20.4	110
ヒルマン ミンクス	1,494	62/4,600	41.5	11.2/2,600	1,030	16.9	128
ダットサン ブルーバード1200	1,189	55/4,800	46.1	8.8/3,600	890	16.1	120
トヨペット コロナ	997	45/5,000	45.1	7.0/3,200	940	20.8	110
ルノー 4CV	748	21/4,000	28.1	5.0/1,800	640	30.4	100

た。市販するにはある程度量産しなくてはならないから、その投資を考えると、発売は遅らせるしかなかった。

　このときの1862ccエンジンを改良して80馬力にして、スカイラインのボディに搭載したクルマが発売されたのは1959年2月のことである。市販するまではスカイライン1900と呼ばれていたが、発売直前にグロリアと命名された。グロリアは"栄光"という意味があり、それにふさわしく装備を充実させ、車両価格は147万円だった。

　本当なら、初代グロリアはスカイラインのひとつのバージョンにすぎないものでなく、ひとまわり大きく高級なクルマとしてデビューするはずだったが、開発費用がかさまないようにした結果である。石橋の意向に沿うクルマがつくられないのは仕方ないにしても、プリンスの技術者と石橋とは、クルマの将来ビジョンに関する対話が成立しないままだったことになる。

■国民車構想を具現化するクルマの開発

　この前後に、上記の大型車とは対照的な空冷の排気量の小さいエンジンを搭載したクルマが開発されている。これは1955年に通産省が発表した国民車構想がきっかけとなったものである。

　アメリカでは1910年代からフォードT型の大量生産によりクルマの大衆化が始まっていたが、ヨーロッパは第二次大戦後にフォルクスワーゲンの登場を契機としてルノー4CVやフィアット500など大衆車が人気となった。個人でクルマを所有する時代になってきたのである。

　日本でも、なるべく早く大衆車をつくりクルマを普及させようとする考えが通産省内部にあり、それが「国民車育成要綱案」となった。

まだ要綱案にすぎなかったが、新聞などに大々的に取り上げられ話題となった。500ccほどのエンジンで、最高時速100km、車両価格25万円ときわめて具体的な内容で、審査に合格したメーカー1社に補助金を出す構想だった。

実際には、自動車メーカーのほうでも25万円で満足する性能のクルマをつくるのはむずかしいとい

国民車構想を受けて開発されたDPSK型乗用車

う見解を示し、国民車構想は実現しなかった。しかし、小型車でもダットサンクラスのものは高価であり、360ccに制限された軽自動車では性能的に問題があったから、その中間のクルマは魅力的なものだった。

補助金は出ないにしても需要が見込まれるから、いくつかのメーカーが開発に乗り出した。

プリンス自動車でも、大型のBNSJの開発と併行して「国民車に関する打合わせ会議」を開き、検討した結果、国民車構想による大衆車の開発を進めることになった。

エンジンは、最初はシトロエン2CVを手本にした空冷水平対向2気筒OHV型601cc、だったが、騒音に悩まされ性能的にもいまいちだったために開発を放棄、かわってフォルクスワーゲンを手本にして空冷4気筒OHV型599ccのエンジンに変えられた。38馬力/6200回転となったが、さらに640ccと排気量を大きくすることになった。これがFG4C改型エンジンであるが、熟成する前にクルマの開発が中止されて発展はなかった。

最初のエンジン搭載車は全長3180mmだったけれども、エンジンが4気筒になって全長は80mm長くなっている。車両重量も495kgから510kgとなった。ホイールベースは1950mmと小さい。

このクルマは、リアエンジン・リアドライブという駆動方式を採用しているが、これはパワーユニットをリアにまとめたほうが室内を広くできると考えたからであ

DPSK型乗用車用空冷エンジンの主要諸元

型 式	ボア×ストローク (mm)	配列・気筒数	排気量 (cc)	バルブ配置	圧縮比	出力 (ps/rpm)	トルク (kgm/rpm)	発表時期
FG2D	75×68	水平対向2気筒	601	OHV	8.0	24/4,500	4.2/2,500	1956～59
FG4C	60×52	水平対向4気筒	599	〃	8.5	38/6,200	4.8/4,300	1960ごろ

る。フォルクスワーゲン・ビートルやスバル360と同じである。

その一方で、きわめて先進的な機構を採用している。設計陣は、この試作車ではスカイラインでできなかった新しいことをやろうとした。

ボディはフレームのないモノコック構造、サスペンションはフロントがストラットタイプ、リアがトレーリングアーム式である。合理的で1970年代にはフロントサスペンションの定番となるストラット式は、このときには革新的なものだった。日本で市販車に最初に採用されたのは1966年発売の初代カローラだから、その10年も前にプリンスでは試みていた。

空冷エンジンに関しては中島飛行機時代からのノウハウがあり、冷却フィンの形状や取り付け方を研究部長の戸田康明が指導し設計された。

試作車が完成したのは1959年6月、耐久試験が実施された。トラブルも少なく開発は順調に進んだ。

しかし、試作だけに終わり、市販するレベルまでの開発は行われなかった。市販するには新しく設備を整えなくてはならず、そのために50億円以上の投資が必要なことが判り断念された。

1961年にトヨタから発売されたパブリカ(新車価格389,000円)も、このクルマと同様に国民車構想の影響を受けて開発されたものである。当初はフロントエンジン・フロントドライブ車として企画されたが、当時の技術では前輪駆動にするのがむずかしく、途中からコンベンショナルなフロントエンジン・リアドライブ車に変更された。エンジンは空冷水平対向2気筒697cc、28馬力/4300回転である。

トヨタでは徹底したコスト削減に取り組み、取引メーカーに対しても通常以上の低い価格で納入するように交渉した。それでも当初の計画の40万円を切る価格設定はむずかしかった。このころからすでにトヨタは徹底したコスト削減に取り組んでいたのだ。性能的にはかなり良いもので室内空間も狭くなく、ダットサンなどの半分の価格だから、かなり売れるだろうと予測したが、思ったより売れ行きは良くなかった。コストを抑えるために装備も貧弱であり、スタイルも安っぽい印象があり、訴求力が足りなかったようだ。やはりクルマは人々に夢や憧れをいだかせるもので、高級感や豪華なイメージを持つ必要があった。この反省が生かされてカローラが生まれ、大ヒットしたのだ。

なお、国民車構想に最も近い仕様のクルマは三菱500である。三菱は自動車部門への参入を検討している際に国民車構想が発表されたので、

1961年に発売されたトヨタ・パブリカ

まずこれをつくることから始め、1960年4月に発売した。合理的で良くできたものだったが、やはり成功作とはいえなかっただろう。

■そのほかに開発されたプリンスのエンジン

プリンス自動車では、1960年頃までに、これらのほかにもいくつかのエンジンを試作している。

興味があるのはDOHCエンジンを試作していることだ。市販を前提としたものではなく、高性能な機構として研究用のものだった。ようやくオーバーヘッドバルブ型のエンジンが普及してきたところで、性能向上が図れるオーバーヘッドカムシャフト（OHC）型さえもつくっていない段階で、それよりも機構的に複雑なエンジンを、将来のあるべき機構を検討するためにつくったのである。ここでも航空用エンジン開発の伝統が生きていたのだ。

ディーゼルエンジンも開発された。1862ccに拡大された直列4気筒エンジンをベースにディーゼル化したもので、トラックに搭載されてテストされた。トラブルもなく実用化が可能になった。香港のタクシー向けのスカイラインに搭載されて100台以上が輸出された。しかし、これだけに終わって、生産されなかったのは、この後に増産体制を敷くための投資が予定されていて、ディーゼルエンジンの設備まで資金がまわせないためだった。

1950年代の終わりが近づくと、航空機エンジンがレシプロエンジンからジェットエンジンに移行しつつあり、自動車用エンジンもやがてはレシプロの時代が終わるという観測がなされた。そのための用意としてガスタービンに似たフリーピストンエンジンが試作された。しかし、これは自動車用には向かないと判断され、放棄された。

また、レシプロエンジンに代わるもののひとつとして有力視されたロータリーエンジンに関しても、プリンス自動車のエンジン開発の技術陣は試作して試運転したものの、疑問視している技術者が多く、ライセンスを取得する考えはなかったようだ。

第9章 5か年計画と村山工場の建設

■自動車中心の組織体制に変更

　1960年を迎えるころには、自動車の貿易自由化が何年かあとに実施されることが確実な情勢になった。それまでに量産体制を確立して、国際的な競争力を付けなくてはならないと、各メーカーは、設備投資計画を立て、その実施をもくろんだ。設備投資を盛んにしたのは、政府が積極的な財政策を推進していることも影響していた。

　プリンス自動車でも、強固な生産体制を確立させるのは創業以来の懸案であった。つねにクルマの開発が先で、販売してから売れ行きに応じた対策を講じるやり方では、他メーカーに太刀打ちできない時代がやってきたのだ。

　プリンス自動車では、1956年11月から組織体制を大きく変え、自動車事業所、航空事業所、精密機械事業所という三つの事業所制をとっていたが、1959年9月にはその一部が変更された。自動車部門の占める割合が大きくなり、航空と精密機械の割合が小さくなり、実情に沿わなくなったためである。

　自動車事業所が、車両やエンジンの開発研究を担当する技術本部、工場など生産を担当する生産本部、長期計画や販売との連携などの企画を担当する企画本部という三つの本部に分割された。技術本部長には中川良一、生産本部長は荻窪工場長の上田茂人、企画本部長に就任したのが外山保だった。組織変更により自動車中心の体制がつくられたのである。

　ちなみに、自動車事業所は外山保が1957年まではプリンス自販代表取締役兼務

で、その後は中川良一が、航空事業所は新山春雄専務が、精密機械事業所は天瀬金蔵常務が、それぞれ所長に就任していた。1957年に外山の後任として中川が自動車事業所長になり、これ以降は自動車の開発を中心とする技術部門を統括していくことになる。その下に設計部長が田中孝一郎、研究部長が田中次郎という布陣だった。その後の組織改正で田中が実験部長になるなどの変更があったが、彼らが日産との合併まで開発の中枢を占めていた。

外山は、プリンス自販設立以来、その組織充実に多くのエネルギーを注いでいたが、自販から1957年に富士精密に戻り、プリンス自動車の長期計画に取り組んでいた。販売台数の伸びを予測し、それに見合う生産体制を確立することが狙いである。企画本部長になったのは、他の仕事と兼任することなく本格的にプリンスの長期計画を立てて実行するためだった。

1955年に欧米の自動車工業を視察した外山は、日本の自動車メーカーとの違いに強烈な印象を受けた。とくに生産設備のすごさに圧倒され、将来的にこうした先進国のメーカーと競争していくには、生産体制の確立が重要であるという思いを強くした。その実現のために力を注ぐことになったのである。

■小出しの生産設備計画の限界

1957年のスカイラインの発売によって、プリンス車の需要が伸びて、それに対応するために、1958年度には月産1500台を目標とする「自動車第3次合理化計画」がつくられ、翌1959年には月産2000台とする「第4次合理化計画」が作成された。第3次では約24億円、第4次では約34億円の投資が行われた。エンジンや車体関係の設備、さらには各種の治具や金型などの費用が大半だった。いずれも、現存の工場内における設備を充実させるものだった。

しかし、このやり方では限界があった。トヨタや日産に追いつこうとしても、逆に差が開くばかりだった。1950年代の後半からの自動車販売の伸びは一段と大きく

主要メーカーの企業規模の比較

	トヨタ			日 産			プリンス			東洋工業		
	資本金	従業員数	売上高	資本金	従業員数	売上高	資本金	従業員数	売上高	資本金	従業員数	売上高
1950年	418	5,315	10,123	130	7,563	6,813	55	1,200	455	150	2,828	2,041
1953年	1,672	5,309	17,494	1,400	7,708	14,997	667.5	3,026	3,061	300	3,937	11,307
1955年	1,672	5,084	20,735	1,400	6,702	17,256	1,335	2,861	5,799	300	3,908	13,595
1958年	6,688	6,509	57,913	6,300	7,834	40,049	2,670	3,571	13,440	4,000	4,564	17,429
1960年	16,000	11,446	123,867	11,000	11,539	83,321	4,005	5,002	23,896	8,000	9,751	57,239

〈単位〉資本金・売上高（百万円）、従業員数（人）

なり、需要を予測して対応していかなくては発展は望めなかった。長期的計画を立て、大胆に設備を新しくしなくてはならない時期に来ていた。

　なお、1961年12月にはミシンを中心とした浜松工場は、プリンス自工の全額出資による「リズムフレンド製造」として分離独立、自動車と航空宇宙など以外は次第に切り離されていった。

■「自動車事業5か年計画」の作成

　積極的に増産しようとする外山は、石橋の承認を得て1960年から始まる「自動車事業5か年計画」を作成した。

　これは、1964年までの5年間を三つの時期に分けて生産台数を増やしていくものだった。プリンス自動車にとって、初の本格的な長期計画であった。外山の作成した計画書は、見方によっては強気一点張りの欲張った内容だった。しかし、外山はトヨタや日産に追いつくためには、ぜひとも実現させなくてはならないものと思っていた。

　それは以下のような計画だった。

第1期　設備投資52億円　月産4000台計画及び新工場土地取得
第2期　設備投資98億円　現有車種に新型グロリアを月産2000台、計6000台計画
第3期　設備投資54億円　グロリア系月産4000台　スカイライン系2500台　トラック3500台　合計月産10000台計画の完成

　売り上げ目標は1960年上半期が80億円、計画の最終期の64年下半期は300億円と、5年間で3.5倍にし、従業員も8000人に増やす計画だった。三鷹工場での生産は工場の増設を図っても月産4000台が限度であり、新しく工場を建設する必要があった。

　長期5か年計画の中で、段階的に月産1万台体制をつくらなくては、プリンスの将来がないという考えだった。元町工場を建設したトヨタは、1960年には月産1万台体制をすでに確立しており、さらに増産体制を図っていた。遅れをとらないためには積極的に行動していく以外に選択はなかったのだ。

　設備投資以外に治具その他の費用がかかるから、この計画を実施するには5年間で約250億円の費用が必要だった。そのために、銀行から融資を受けるほか、1960年から3年間にわたり半額増資を行い、1960年は資本金40億円、61年は60億円、そして62年には90億円にする計画だった。実際にこのとおりに増資され、さらに1964年には120億1500万円に増資されている。

この計画に強硬に反対する人物がいた。住友銀行から来た小川秀彦である。

1959年にプリンス自販社長をしていた鈴木里一郎が健康を害して辞任、後任に住友銀行専務だった小川秀彦が社長に就任し、同時に富士精密工業の顧問に就任していた。

小川は、外山の立てた計画ではリスクが大きすぎると主張した。たしかに販売は伸びる可能性があるものの、過剰投資は命取りになりかねないと銀行家らしい慎重さを見せたのである。計画を推進しようとする外山と、これに反対する小川のあいだで激しい議論が展開され、ときには外山が小川に詰め寄る場面も見られた。

設備投資に積極的な姿勢を見せるトヨタは、他社に先駆けて1959年に乗用車専用の元町工場を建設した。当初は月産5000台の工場として出発したが、1万台の生産がすぐに可能な設備にしていた。

トヨタの本社工場は月産5000台体制が限界だったので、本社から2.5kmの距離にある土地を取得して、両工場でとりあえず月産1万台体制をつくることにしたのである。石田退三社長は「どこにも負けない立派な工場をつくれ」と檄を飛ばし、機械類も最新鋭のものを揃え、それまでのトヨタが培った生産技術をフルに生かした効率の良い工場にした。トヨタのカンバン方式が確立されつつある時期であり、それを実践するのに都合良いレイアウトにした。

この時期に乗用車専用工場を建設することは、自動車業界を驚かせた。しかし、トヨタの首脳は将来的にはこの工場の1万台でも不足する可能性があると、必要に応じて新工場を建設できるようにしていた。実際に、1960年には第二期工事が開始され、2万台体制にするのに多くの時間はかからなかった。

日産でも、ダットサンの生産は静岡県の吉原工場だけでは間に合わず、新しい工場を建設する計画が立てられたが、1958年に不況になったために中止され、工場設備の充実化で凌ぐことになった。

日産で乗用車専用工場である追浜工場が建設されるのは1962年のことである。トヨタは生産体制を充実させることに積極的であり、日産は慎重であった。石田と川又という経営者の考え方の違いである。

いすゞや日野も、提携により国産化された乗用車に代わって、それぞれの社内技術者が設計した新型のデビューに合わせて工場の建設を推進した。1961年にいすゞはベレルを、日野はコンテッサを発表し、技術提携による成果を生かして自前のクルマを生産し、本格的に乗用車部門に参入したのである。

トヨタの元町工場にある車体工場

プリンスの長期計画の眼目は新工場の建設にあった。当初は三鷹にある本社工場と分工場のあいだにある土地を取得して新工場を建設する計画を立てたが、土地の取得がむずかしく断念された。

　そこで新しい土地を探すことにした。計画が承認される前の1959年のはじめごろから土地の物色が始められた。候補として青梅や羽村などがあったが、手頃な物件として都下立川市の北西にある村山町と砂川町にまたがる40万坪の土地が有力になった。計画をめぐって議論している最中であったが、石橋の「とにかく買っておこう」という決断で購入が決定していた。ここに村山工場が建設されることになる。

　その後、石橋会長が「5か年計画」を承認したことにより、これがプリンス自動車の正式な事業計画となった。住友銀行出身の小川は複雑な心境だったろうが、石橋の決断に異議を唱えるわけにはいかなかった。

　石橋は、日本の自動車メーカーが新しい段階に進む時期を迎えていることを理解していた。これまでも、かなりの設備投資をしてきたが、今度ばかりは次元の異なる世界に突入しようとしていた。自動車メーカーとして一人立ちするには、生産設備を整えて量産するしかない。アメリカのビッグスリーが莫大な利益を上げているのは、量産のメリットを最大限に生かしているからだった。まず設備投資し、大量に生産して大量に販売することで資金を回収するのが自動車メーカーの掟だった。

　実行に移されることになって、担当役員は資金調達に奔走した。

　日本長期信用銀行からの融資と、アメリカのワシントン輸出銀行からの借

ワシントン輸出銀行からの借款の調印式

款を受けることが決まった。借款を受けるには、外貨審議会の認可を得たうえで、アメリカ側の認可も必要だった。アメリカから輸入する工作機械が多いので、借り入れ条件の有利な借款の意義は大きかった。これにより、ダンリー社のプレス機とグリーソン社の歯切盤など高価であるが超一流の機械を輸入した。

■村山工場の建設をめぐる争い

　プリンス自動車の生産拠点となる村山工場の建設は、計画の第2期に工事を開始することになっていた。今となってはとても信じられないが、この広大な土地には

人家は牧畜農家わずか1軒しかな
かったという。

　村山・砂川両町は工場誘致に熱
心であり、比較的地の利の良い
ところだった。西武鉄道の玉川
上水線が用地の近くを走ってお
り、延長される計画があるこ
と、用地の地下を多摩川の伏流

東京の村山町と砂川町にまたがる村山工場予定地

水が豊富に流れていること、用地内に工場排水路として使用できる残堀川が流れて
いること、東電の送電線が近くを通っていて電力の引き込みが容易であることな
ど、工場建設に適していた。

　いざ、着工となる前に、建設計画の実行責任者を誰にするかで紛糾した。

　「たま」系と富士精密系が、それぞれに候補者を立てて、海外の自動車工場の視察
をさせていたのだ。会議を重ねても、どちらも譲らなかった。将来のプリンス自動
車の主力量産工場になるものだから、主導権をとろうと派閥意識を前面に出したた
めだった。臨時建設部を新設して、ブリヂストン系の総務部長に担当させる妥協案
が出されて調整に努めたが、いっこうに決まらなかった。

　仕方なく、第三の候補を探すことになった。最終的には建設される三鷹工場も含
めてそれらを統括する生産技術部を新しくつくり、建設計画と工事の監督に当たる
ことになった。その部長として担当を命じられたのが、エンジン設計チーフの岡本
和理だった。

　岡本は日本生産性本部の「欧州の自動車管理視察団」の一員として1960年6月から2
か月半にわたりヨーロッパの自動車メーカーや部品メーカー、大学、研究施設、テ
ストコース、工作機械や試験機メーカーなどを訪問した。各自動車メーカーの指導
的な立場の技術者が参加したもので、この視察団解散後に、岡本はヨーロッパに
残ってドイツのNSU社でバンケル式ロータリーエンジンの調査をし、さらにアメリ
カに渡り、フォードやクライスラーの組立工場及びフォードのエンジン工場などを
視察して8月に帰国した。帰国してすぐに任命されたのだ。

　もともと中島飛行機では、技術者には製造に関する広範な知識を持つように指導
していた。こうした教育を受けた岡本は、暇ができると自分の設計したエンジン部
品がどのように製作されているのか工場を見てあるき、現場作業員とも話をするよ
うにしていた。

自動車に関わるようになってからは、率先して他メーカーの工場を見学する機会を逃さないようにした。岡本はトヨタやホンダの工場に関心を持った。ホンダは工場内の写真撮影も自由で、他メーカーの技術者にもフランクな態度で接した。これを利用して岡本は、工場内の施設や製造工程を撮影していた。

　岡本は富士精密系の技術者であるが、政治的な動きをするような人物ではなく、分け隔てなく人と接する温厚な性格であったから、「たま」系の人も抵抗が少なかったようだ。

■富士精密工業からプリンス自動車工業に社名変更

　村山工場の建設が始まろうとしていた1961年2月に「富士精密工業」から社名が「プリンス自動車工業」に変更されている。この前年の1960年には自動車の売り上げが全体の90パーセントを超え、自動車が主力製品であることがますます明瞭になってきており、そのイメージにあった社名にすべきときにきていたのだ。

　富士精密という名称に旧中島飛行機のなかで愛着を持つ人たちもいたが、プリンスという名前のほうが通りが良くなっていた。社名変更はそれを追認するものだった。

　この1か月後の1961年3月には、ガソリンエンジンとなってからのプリンス車の生産累計が10万台を超えた。ちなみに、トヨタ自動車が自動車事業に進出してから累計10万台を超えたのは1947年5月のことで14年かかった。プリンス自動車は9年で達成している。

プリンスのガソリンエンジン車累計10万台記念式典

　トヨタ自販は1960年に年間10万台の販売を記録しており、プリンスの5倍を超える販売台数だった。トヨタは1962年6月には生産累計100万台を記録している。

　1961年3月に赤坂プリンスホテルで「社名変更レセプション」が盛大に行われた。テレ

ビや新聞などで社名変更をPRし、10万台生産達成記念とあわせて、全従業員5700名に純銀製キーホルダーが配られた。

この年9月には10年続けた団伊能社長が引退し、同じくブリヂストン系の小松繁が社長に就任、顧問の小川秀彦が、専務だった新山とともに副社長となった。

■新工場の建設工事の開始

1961年3月3日、石橋会長による鍬入れ式が行われ、村山工場の建設工事が始められた。すでに前年の60年12月には農地転用の許可をとっており、整地工事は始められていた。

40万坪のうち20万坪が工場用地だった。矩形の工場用地は東西はほぼ平坦だったが、南北には緩やかな勾配がついていた。これを海抜110mの平面に造成することにした。この工事をして判ったことは、表土は1m足らずで、その下は多摩川段丘の砂利層だった。そのため、肥料をまいても効果はうすく農地に適していなかった。樹木の生育も悪く、牧畜農家が1軒しかないのはそのためだった。都合のよいことに、整地のために運び出された砂利は、建屋内の床や道路の地盤に使用できたので、新しく購入しないですんだ。

工事に先立つ地鎮祭

20万坪の用地をフルに活用すれば、月産2万台の能力の工場を建設することができるが、当初はグロリアを2000台生産する計画であった。建設される工場はプレス工場、車体工場、塗装工場、組立工場、エンジン工場、それに事務所であった。

ここで、2000台の生産にこ

村山工場の工事

だわって、そのために小さくまとまった工場にすれば、経費は比較的抑えることができる。いっぽうで、将来2万台の生産規模にすることを想定して2000台の工場にすれば、各工場は点在することになり、2万台規模の工場の完成までは建設費が割高になり、物流や連絡といった運用上のロスが生じることになる。

　迷うところだったが、岡本はこじんまりとした工場をつくる方法を選択しなかった。将来を考えて、多少の経費増には目をつむることにした。

　工場は平屋にした。製造工場は2階建て以上にすると破産するというジンクスがあったせいか、アメリカの工場は広大な敷地に大きな平屋になっており、ヨーロッパでもほとんど同じだった。

　広大な更地に建築するのだから、白紙の状態から用地のレイアウトを考慮する。岡本は、標準数を活用してその倍数、ときには2分の1になることもあるが、それを基準にして建物や道路幅などを決める方法を採った。工場の設計は、石橋が気に入っている松田・平田設計事務所に依頼された。岡本は費用の安くなる柱の間隔があるのか、打ち合わせのときに訊いたところ、ほとんど同じだという回答を得たので、基準スパーンを20mに決めた。つまり、工場などの建物は、柱の間隔は20m×20mを原則とし、できるだけ広大な敷地にすることにした。プレス工場は大型プレスが並ぶので特別仕様にせざるを得ないが、これもラインの合計が20mの倍数になるような配置にしている。

　組立工場は、天井に車体運搬用のトロリーを設置するから、梁下を7mにするなど高くする必要があるが、機械工

村山工場の第一号車グロリアのラインオフ

第一次工事を終えた村山工場

場ではその必要はない。工場を用途別に考えれば高さの異なるものになるが、将来的に見れば、工場は別の用途に使用される可能性がある。

そこで、組立工場の高さを基準にして生産工場はすべて同じ構造にすることにした。鉄筋などは共用になり、同時に加工した材料を運んでくれればすむ。

こうした配慮は、後に日産と合併して工場の使い方が大きく変化したときに役に立っている。容易にエンジン工場から組立工場に転換できたのだ。

1961年9月に整地が完了、10月には最初の建物である補修用品の倉庫、約2000坪が完成、翌62年3月には主要工場の建屋が完成、7月には事務館が完成して、工事に関わる部署の人たちが荻窪や三鷹から移ってきて仕事を開始した。

その直後に、新型となるグロリアの工場における試作車が完成、10月16日に村山工場の第1期工事が竣工、盛大な記念式典が挙行された。

1963年1月には最初の工場長として、富士精密系の沢田武雄が就任した。ちなみに、2代目工場長は1966年に就任した上田茂人、3代目は1969年の田中孝一郎とつづく。

村山工場の車体組立工場

■その後の村山工場の拡充

工場の完成により、月産2000台のグロリア専用工場としてスタートしたが、1963年から第2期工事が始められた。

後述するように1963年にスカイラインがモデルチェンジされるが、それに伴ってスカイライン1500の生産を三鷹工場から村山工場に移すことになり、月産3000台の生産能力を持つ組立ラインが新設された。1964年6月に増築され、機械類の据え付けを開始、8月にスカイラインの村山

エンジンのためのトランスファーマシン

工場における1号車が完成している。バンを含む乗用車のすべてが村山工場で生産されることになり、三鷹工場はトラックの生産専用となった。

エンジンの生産も村山に集結することになった。当初、村山工場では、次章で触れる直列6気筒2000ccのグロリア用エンジンだけを生産し、1500ccと1900ccの直列4気筒エンジンは荻窪の工場で生産されていた。販売の増加に伴って4気筒エンジンの増産を図る必要が生じたが、荻窪工場は拡張の余地がなくなっていたのだ。

荻窪と村山、二つの工場でエンジンをつくるのは工程管理や作業管理上好ましいことでなく、村山工場に集結させたのだった。1964年10月からすべてのエンジンが村山工場で生産されるようになり、荻窪工場はトランスミッションとアクスル関係の工場になった。

■テストコースの完成

本格的なテストコースが村山工場の敷地内につくられたのは1965年5月のことである。これにより、スカイライン2000GTやプリンスR380といった高性能車の走行テストができる体制がつくられた。この工事は1962年8月から始められた。

社内にテストコースが必要だという声は、次第に切実になり、その企画は1961年に立てられた。

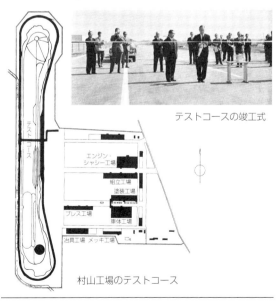

テストコースの竣工式

村山工場のテストコース

輸出されたスカイラインの性能がアメリカでは不十分であり、高速走行テストの重要性が認識されてきたのだ。資料を集めて調査を開始、測量が開始されたが、理想的なコースを一気につくるのは工費の関係でムリとわかり、最初は小さい周回コースがつくられた。ただし、高速コースとするために直線路は1408mと長く取り、コーナーは半径47.5mとした周回路が1963年5月に完成した。

　その後、東洋一のコースをつくろうと、直線路1456m、コーナー半径130mで36度のバンク角を持つ高速コースが2年後に完成した。

　その後も工事は続けられ、車両開発に欠かせないベルジァンロードや波状路、砂利路、曲線悪路、トンネル、水路などのテストコースが周囲につくられていく。

　これにより、従来は一般道路で実施していた走行テストの多くは社内で実施されることになり、覆面車といわれた、カバーを掛けた視界の良くない試作車は姿を消すことになった。

　完成した高速テストコースは、トヨタや日産のコースに優るもので、完成当時は4.25kmという周長で、時速160kmの連続走行が可能だった。

テストコースを走るR380Ⅱ

第10章　フラットデッキスタイルの新型グロリアの誕生

■1959年に開発スタート

　村山工場は月産2000台以上の生産設備にして、新型グロリアの誕生を待ちかまえていた。1959年に誕生した初代グロリアは、実質的にはスカイラインの上級モデルだったから、初代スカイラインとは異なる新規モデルはなかなか登場していなかったのだ。

　自動車メーカーは、下手なギャンブル以上に賭の要素が強いといわれる。何百億円という投資をして生産体制を確立させて、新型モデルを発売する。計画どおりに販売されれば良いが、計画を大幅に下回る売れ行きしか示さなければ、投資した分の回収ができなくなる。主力車種のモデルチェンジに失敗すれば、企業そのものが傾きかねないものだ。

　プリンス自動車の場合も、月産1万台体制を敷き、桁違いの投資に踏み切った。これまでとは次元の違う、本当の意味での正念場を迎えていた。事前に大がかりな投資をして設備をととのえたうえでクルマを発売するのは、トヨタや日産では当たり前のことだったが、プリンスでは初めてのことだった。

　開発されるグロリアが成功するかどうかは、プリンスの将来を大きく左右するものだった。

　2代目となるこのときのグロリアは、実質的には初代スカイラインのモデルチェンジされたもので、スカイラインの名をつぐモデルは別につくられることが決まっ

ていた。2シリーズ体制にして、大きく飛躍しようとしたのだ。

　2代目グロリアは、小型車の最上級車種と位置付けられた。その開発は、初代が発売された1959年から始められている。1ランク下となるスカイラインはファミリーカーと位置付けられ、グロリアとは明瞭に差別化された。

　ひとまわり大きいグロリアは、プリンス自動車の伝統となっている高級・高性能を具現化したプリンスの主力車種だった。国内だけでなく、世界的にもトップレベルのクルマにしようと張り切った。

　目標はメルセデスベンツだった。前々から技術的に優れたものを持つベンツ車が気に入っていた自動車部門を統括している中川良一常務は、ベンツのようなクルマをつくれと口癖のようにいっていた。

　スカイラインのほうは、クリッパーなどのキャブオーバートラックを開発した実績を持つ藤田喜作が担当することになり、グロリアは日村卓也が開発のチーフとなった。日村は、初代スカイラインをベースにして高級化を図ることに決めていた。

　ライバルと目されるセドリックは1960年3月にオースチンの後継車として1500ccエンジンを搭載して発売された。開発チーフの好みを反映して優雅さと豪華さが追求され、ラップラウンドスクリーンが特徴のクルマだった。モノコック構造など機構的にはオースチンを踏襲して手がたい仕様だった。

　トヨタが2代目クラウンを発売するのは1962年10月だから、2代目グロリアの1か月後の登場である。初代クラウンの誕生から7年10か月後のモデルチェンジである。

　その間に有効なマイナーチェンジを繰り返したせいか販売台数に衰えが見られなかった。2代目の新型クラウンはスタイルを一変し、モノコック構造のクルマが出現している中で、X型フレームを採用、サスペンションはフロントが前と同じウィッシュボーン式、リアはコイルスプリングを使用したトレーリングアーム式を採用している。

1960年に発売された初代セドリック

1962年当時の2代目クラウン

■フラットデッキスタイルの採用

　グロリアの開発でもっとも力を入れたのがデザインだった。それまでは、車両の

企画を立てる段階でイメージをつくり、それをもとに線図が引かれてデザインが決められた。その後、造形部門の充実が図られ、専門のデザイナーが活躍するようになり、デザイン手法も、スケッチの描き方やクレイモデルのつくり方などシステム化が進められた。

1950年代のアメリカ車はテールフィンをつけていたが、50年代の終わりになると、華美に流れた仰々しいスタイルは飽きられて、方向転換が図られつつあった。

デザインに関心を持つ日村は、造形を担当する森典彦と語らって、新しいイメージのものにすることにした。日村が考えたのは、飛行機の胴体にキャビンを載せたシンプルな美しさだった。

この意向を生かして森たちの手によってデザインされた。テールフィンを持った初代スカイラインは、マイナーチェンジを受けてヘッドライトが2灯式から4灯式に変更されていた。1950年代の半ばごろからアメリカ車が採用し、日本でも1960年にデビューしたセドリックに採用されて以来、高級車が採用していた。そこで、4灯式ライトをグリルにうまく納めて、全体的にボディをひとつの塊としてデザインすることになった。

この結果、採用されたのがフラットデッキスタイルといわれるものだった。ボ

試作されたグロリア（上）と発売された
グロリアデラックス

ディの上部を水平に取り巻く強いキャラクターラインを基調にして、その上の部分をボートのデッキのようにして、ボディの下の前後はバンパーで抑えるスタイルになる。その上に乗るキャビンは強い印象にしないように配慮され、ガラス面積を大きくしてモーターボートのキャビンを思わせるものになった。

よく考慮してスケッチが描かれたので、そのままに近いかたちでクレイモデルがつくられ、それをもとに試作車が完成したという。

ところが、ここでデザイナーを驚かせる問題が発生した。アメリカに行っていた日村から、デザインを変

グロリアS40Dとそのコクピット

更するようにという指示が電報で寄
せられたのである。

　最初の試作車が完成してすぐに、
日村は、アメリカに輸出されている
スカイラインがクレームにより突然
キャンセルされたために、調査をか
ねて渡米した(リアのこもり音の発生
が原因だった)。このときに、デトロ
イトで日村は歩いていたときに輸送中の新型モデルを見てびっくりした。試作され
たグロリアとそっくりなスタイルをしているのだ。GMのコンパクトカーのコルベ
アだった。発売直前のクルマであり、後から出るグロリアは、そっくり真似をした
と思われると、日村は変更するように急いで打電したのである。

　デラックス化が進んだアメリカ車はサイズも大きくなり、小型車の輸入が急増し
た。それに対抗するために、ビッグスリーはコンパクトカーを相次いで発売しよう
としていた。高級車をめざすグロリアが、キャデラックならいざ知らずコンパクト
カーに似ていたのではイメージダウンにつながるとして、スタイルを見直すことに
なった。

　グロリアの試作車のスタイルには、石橋会長からもクレームが付けられた。

　試作車をみて、石橋はがっかりした。お多福のようで石橋が考えているクルマの
イメージとはほど遠いものだった。本来クルマは前に向かって風を切るようにノー

ズのところが出ていないといけないのに、逆に引っ込んでいるように見えるのが気に入らなかったのだ。これでは売れないから発売を中止しろとまでいった。石橋の発言を前にして、プリンス自動車の重役陣は困り果てた。

　貧相に見えないように、モール類を使用して飾り立てることになった。

　大幅な修正が加えられてデザインしなおされ、新しく試作車がつくられた。これが市販されるモデルとなった。設計陣やデザイナーはコルベアを連想することがなくなり、高級感のあるダイナミックで独創的なスタイルになったと評価したが、石橋はどちらかというと仕方なくこのモデルを承認したようで、開発陣とのあいだに評価に違いが見られた。

■複雑な機構を採用した高級車・グロリア

　初代スカイラインを設計する際にも、日村はモノコック構造にするか、リアを独立懸架にするか迷った。結果として、まだそこまでの技術ができていないとトレー式フレームにし、リアはド・ディオン式アクスルにした。

　これが正しい選択であったのかどうか判断に迷うところがあった。しかし、グロリアの仕様を決めるに当たって、進化した別の機構を選択するより、スカイラインの方式を踏襲して、さらに全体のバランスを高い次元で調和させることが、総合的に考えればムダが少ないとの結論に達した。

　ある方向を選択した場合、引き返してやり直すよりも、そのまま前に進んだほうが目的地に早く着くことになると考えたのである。そのうえで、高速走行のためにいくつかの新しい機構を採用し、性能向上を図ることにした。

　細部にわたる新機構の採用は数え切れないほどだった。主なものを挙げてみよう。
1）2680mmという長いホイールベースの採用：高級車として室内空間を大きくする。
2）リアのリーフスプリングの2枚バネの採用：フリクションを減らして乗り心地をよくする。
3）オールシンクロメッシュのOD付き4速ミッションの採用：シフト操作を容易にし、オーバートップ付きにすることで巡航速度で走行する際の燃費の軽減を図る。
4）トレー式フレームにサイドメンバーの取り付け：ボディ剛性をさらに向上させる。
5）プロペラシャフトをセンターベアリング付きの2分割の3ジョイント方式の採用：振動騒音を少なくして高速走行に備えたもの。
6）冷却フィン付きのアルミドラムのデュオサーボ式ブレーキの採用：放熱性をよくして制動能力を高める。

カタログに描かれたグロリア

グロリアのフレームとシャシー

　さらに、ステップレスコントロールワイパーの採用、ACゼネレーターの採用、オーバースピード警報装置の取り付け、照明調整付き大型コンビネーションメーターの採用などがあった。オプションとして、エアコンディショナーや自動集中給油装置が用意された。

　スカイラインで問題になっていたリアのド・ディオン式アクスルのドライブシャフトに組み込まれるスプラインは、根本的な対策がとられた。設計の田中孝一郎部長は、中古車になってもドライブシャフト・アッシーに手を入れなくてすむように耐久性のあるものにするように指示していた。

　スカイラインのときに改良したスプラインをそのまま使用するのではなく、コストが高くなるが確実に伸縮を吸収できる高価なボールスプラインを使用することになった。このため、表面硬化などの処理をした際に変形しないようにするのに苦労した。ボールスプラインを組み込むドライブシャフトの内面も精度よく加工しなくてはならなかった。試作されたドライブシャフト・アッシーを装着して耐久テストが実施された。

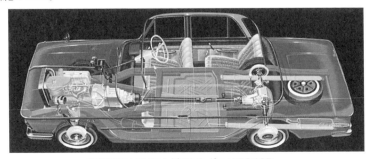

新機構をいろいろと採用したグロリアS40D

車両が大きくなったために、軽量化が図られた。部品の樹脂化、アルミ合金の採用などである。また、初代のグロリアから問題になっていたリアのこもり音対策のために、遮音材を多めに使用しなくてはならなかった。これも、コスト高の要因のひとつになった。

　新機構を採用したために、テスト項目が非常に多かった。トラブルが出ると設計変更し、再び実験することになり、開発にかかる時間がどんどんふえた。開発スタッフは、またまた眠る時間を惜しんで働いた。

　完成するまでの時間は計画より大幅に遅れた。試作車は40台つくられ、設計や実験、試作など開発に関わった技術陣は600人を数えた。初代スカイラインのときとは規模が違っていた。

　直列4気筒1900ccエンジンを搭載した新型グロリアS40型が発売されたのは、1962年9月14日だった。他車との違いを強調するために、多くの新機構を採用した高級車であることを強調してPRした。クルマの好きな人たちには、それがプリンスらしく映り、好評だった。

　10月2日には東京都体育館でプリンスグロリアショーを開催した。グロリアデラックス6台とともにマイナーチェンジされたスカイライン1900など合計17台が展示された。入場制限をするほどの人気だった。

　9か月後の1963年6月には、直列6気筒2000ccエンジンを搭載したグロリアスーパー6が発売される。この、日本では最初のOHC型エンジン車がグロリアの本命エンジンであったが、このエンジンについては次章で触れることにする。

■販売体制の強化とプリンス自販

　販売を受け持つプリンス自販のほうも「5か年計画」の一翼を担うために、販売体制の強化が図られた。1954年に建てられた東京・三田にある自販本社ビルは手狭になり、1962年9月に鉄筋コンクリート8階建・地下1階の、ビルを完成させた。都心に近く、当時としてはきわめて立派なプリンス自販本社ビルは、プリンス自動車の躍進を印象づけるものだった。

　このビルの完成に合わせて、自販からプリンス自工に戻って「5か年計画」を作成した外山保は、石橋会長に呼ばれて再び自販に戻るようにいわれた。外山は、自工で新しい計画の実行にたずさわりたかったが、石橋は、外山のプロジェクトマネージャーとしての手腕に期待していたようだ。それに、自動車評論家などに評判がよいものの、グロリアの販売は思ったほどの伸びがなく、外山に販売活動を任せて計

画どおりに売れるように努力
させようと考えたものであろ
う。

このとき、外山は自販の副
社長として実質的なトップと
なり、外山が自工に行ったと
きに交代して自販にきていた
天瀬金蔵が、自工の専務とし
て復帰している。

自販の専務時代に天瀬は、
販売部門の強化策を数か月か

港区三田に建てられたプリンス自動車販売の本社ビル

けて作成した。販売店の全国的整備、サービス体制の強化や教育、セールスマンの
育成など多岐にわたるもので、冊子にして数百頁にわたるものだった。しかし、外
山との交代人事により、その内容が検討されないままになったという。

販売力増強の具体策として、1963年になって、翌年3月までに月販6000台目標にし
て、これを第一次販売計画として、第二次計画では1964年中に月販1万台にする計画
が立てられた。

目標達成のために、3200人の人員の増強、営業所の増設が計画された。さらに、
三鷹の分工場の一部を重整備工場として使用し、村山工場に補修用の部品倉庫を建
設、大阪や堺に部品センターが建設された。

1963年7月からは住友銀行と連携して月賦制度を新しく全国的に利用できるように
整備、新型車だけでなく、中古車のローンも実施できる体制にした。このときに、
新型車の保証を従来の1万kmまたは3か月から、2万kmまたは1か年に延ばした。

1963年の終わりには、月販6000台になり、目標を早めに達成した。この年の6月に
グロリアスーパー6が加わって、7月にグロリアの月販2000台目標もクリアしてい
る。しかし、63年末までに1万台という月販目標にはとどかなかった。1963年12月は
8369台だったが、その後はこの数字を維持することができなかった。グロリアの販
売が鈍りがちになったためだ。

第11章 新エンジンの開発とグロリアスーパー6

■車両価格の国際的な差と性能の遅れ

　1960年代になると、自動車の生産が増えたことにより、何かと自動車産業は注目されるようになった。躍進するプリンス自動車は、トヨタや日産に次ぐ第3のメーカーとして存在感を示すようになったが、監督官庁である通産省からいろいろな圧力が加わるようになった。躍進するがゆえに、火の粉がかかって企業活動に影響を与えることになった。とくに乗用車の自由化を求める声が国際的に強くなっていたことが原因だった。

　国際社会の仲間入りを果たした日本は、輸出を伸ばしているわりに、輸入となると障壁を設けて自由化しないと、国際社会からの批判が高まった。乗用車の貿易自由化についても、具体的なスケジュールを決めて対応しなくてはならない状況に追い込まれた。

　いっぽう、乗用車の価格や性能に関しては、依然としてまだ国際水準に達していなかった。車両価格は、1950年代に入ってから数度にわたって引き下げられて、多少は差が縮まったものの、それぞれの国内価格で比較すると、同じクラスでみて10〜20パーセントほど日本車は高かった。この差を埋めるには、量産してコストを下げるのが最善の方法と思われた。

　アメリカのメーカーは、1950年代の終わり近くになると、パッカードやハドソン、ナッシュといった名門も姿を消し、ビッグスリー以外には数メーカーが残って

いるだけで、それらもGMやフォード、クライスラーには大きく水をあけられていた。アメリカの乗用車生産高は1960年には年間約560万台に達し、日本はわずかに20万台足らずと、アメリカの30分の1にすぎなかった。にもかかわらず、日本ではトヨタや日産をはじめ、プリンス、いすゞ、日野、三菱にマツダやダイハツ、スバルが四輪車をつくっており、さらに二輪のトップメーカーとなった本田技研工業が四輪部門に参入しようとしていた。メーカー数が多いこともあって、日本のほうがアメリカよりも乗用車のモデル数は多かった。これでは量産効果を発揮するどころか、時代の要請に逆行していた。

　日本車が性能的に劣っているのは、有力メーカーがアメリカへの輸出を始めたことではっきりした。1950年代につくられたクラウンやダットサン、それにスカイラインという日本を代表する乗用車は、いずれもアメリカのハイウェイをまともに走ることができなかった。カリフォルニアのフリーウェイでは、本線に入るアプロー

チ区間で必要な加速力が欠けていて、スムーズに本線に入っていけなかった。騒音や振動も問題だった。日本の悪路をトラブルなく走行することを優先してつくられたせいでもあるが、まだクルマの高速走行に関する技術が確立していなかったのだ。

　1961年5月に名神高速道路を建設中の日本道路公団は、京都の山科に3kmほどの直線路が走れる状態になったところで、自動車メーカー各社に呼びかけて走行試験を実施した。道路公団では数年後に開通する予定の高速道路を走ってもらうことで、道路の完成度をチェックするつもりだったが、自動車メーカーのほうは高速で走る機会が少ないためにチャンスとばかりに参

輸出されるプリンス車

1963年における名神高速道路の
走行テストに参加するグロリア

加した。トヨタはクラウンと2代目コロナ、日産はセドリックとブルーバード、プリンス自動車はスカイラインである。いずれも時速100kmで巡行走行した経験がなく、70km以上で長距離走行した経験もないくらいだった。

　参考のために走らせたベンツは静かに余裕を持っていたが、国産車はどれもスピードを上げると振動が激しくなり、時速70km以上になるとアクセルを緩めざるを得ない状況だった。動力性能でも劣っていることがはっきりした。

> 　この経験で高速テストコースの必要性を痛感したプリンス自動車では、村山工場の敷地にコースをつくることにしたのである。トヨタでは、この走行結果の報告を受けた技術部門の総帥である豊田英二が、直ちに「高速振動専門委員会」を設置して対策に当たり、その成果を次のモデルであるコロナRT40型に反映させた。
> 　プリンス自動車でグロリアの設計をしていた日村も、高速走行の重要性を再認識して、3分割プロペラシャフトや、冷却効果のあるブレーキを採用することにしたのである。
> 　日本では、1960年代に入ってますます農業から工業へ、さらには第三次産業に従事する人の割合が増え、都市への人口の集中が進んだ。それにつれて舗装路が増えて、悪路が少なくなってきた。とくに1964年に東京オリンピックが開催されることになって、道路の建設ラッシュとなり、舗装率は高まった。したがって、乗用車もそれに対応した高速走行のための技術が求められてきたのである。

■貿易自由化をまえにした行政の圧力

　貿易の自由化を前に、乗用車を国際的なレベルに引き上げることは、日本の自動車産業、ひいては日本の工業や経済のために必要なことと考えた通産省は、設備投資に奔走する各メーカーに対して、設備投資を控えるように要請した。しかし、どこも通産省の意向に耳を傾けようとはしなかった。

　過当競争によるメーカーの体力の消耗をなくすためにどうするか。通産省による1961年の段階での解答は、自動車メーカーの3グループ化構想だった。あくまでも育成するのは乗用車である。そこで、メーカーを量産車、特殊車、軽乗用車のグループにわけ、お互いに競合を避けるようにメーカー数を限定する構想を打ち出したのである。

　量産メーカーは貿易自由化後に外車と真っ向から対決することになる車種で、1963年度はひとつの車種で月産7000台、1965年には1万台程度の生産を可能にする計画だった。このグループはトヨタと日産、それに東洋工業が候補として考えられた。実際にはトヨタと日産だけになる可能性があり、この2社に量産させて国際競争力を付けさせようとするものだった。

1960年度の各国のメーカー数と車種数の比較

	乗用車メーカーの数(A)	車種の数(B)	年間総生産量(C)	C/A	C/B
アメリカ	6	17	559.9万台	93.3万台	32.9万台
ド イ ツ	13	51	135.6万台	10.4万台	2.7万台
フランス	8	14	108.5万台	13.6万台	7.8万台
日　本	8	23	19.6万台	2.5万台	0.9万台

1956~61年の乗用車価格の引き下げ

	1956年	1957年	1958年	1959年	1960年	1961年
クラウンS	(8月) 90.0万円	(2月) 85.0万円		(8月) 81.0万円	(6月) 77.0万円	
クラウンDX	(8月)117.0万円	(2月)110.0万円		(8月)103.0万円	(6月) 96.5万円	
ブルーバード1000				(8月) 68.5万円	(4月) 62.5万円	
ブルーバード1200				(8月) 69.5万円	(4月) 63.5万円	
スカイライン1500S		(6月) 93.0万円	(12月) 90.0万円	(8月) 87.0万円	(8月) 86.0万円	(10月) 84.0万円
スカイライン1500DX		(4月)120.0万円	(6月)115.0万円	(8月)108.0万円	(8月)103.0万円	(2月) 99.8万円
ルノーDX		(11月) 67.0万円		(12月) 62.5万円	(10月) 57.0万円	
ヒルマンDX			(1月)111.7万円	(10月)105.0万円	(5月) 99.8万円	

S：スタンダード、DX：デラックス

　特殊車というのは高級車、スポーツカーやディーゼル乗用車などをさしている。プリンスやいすゞや日野などは、このグループに入るが、1963年には月産3000台、65年には4000～5000台とし、2～3社に限定されていた。この構想では生産を続けるには通産省の認可を必要とした。

　プリンス自動車にとっては、一大事だった。

　特殊車グループとして認められなくては、自動車メーカーとしてやっていけなくなるかもしれないのだ。あわてて通産省自動車課に真意を問いただし、対策を練った。その結果、プリンスの場合は高級車やスポーツカーを生産する必要があると、急遽高性能なエンジンの開発を進めることにしたのである。このあたりは、戦争前から軍部の意向に沿って飛行機を開発してきた企業だけに、お上の意向に逆らうことはできない体質があったように思われる。

　ところが、この構想はあっさりと沙汰止みとなった。メーカー側の反発が予想以上に強かったこともあったが、特殊車と量産車の明瞭な区別がなく、その線引きが曖昧なものだったからだ。

　　ちなみに、軽自動車メーカーは1958年にスバル360が発売されて成功したことにより、有力な市場となってきた。スズキが最も早く発売し、三菱をはじめ、マツダ、ダイハツが参入した。免許取得が楽で、車庫証明がいらず、税制面での優遇があり、車両価格が安かったから、比較的順調に販売を伸ばして、ひとつのジャンルを形成していた。噂では軽自動車グループも2～3社に限定され、富士重工や東洋工業などが候補とされた。しかし、マツダやダイハツは軽自動車を足がかり

> としてその上の小型自動車をつくり、自動車メーカーとして独り立ちする計画を
> 立てていた。オート三輪メーカーだった2社は、技術力や生産に関するノウハウを
> もっており、小型車部門への参入に強い意欲を示していた。3グループ化構想は、
> これらのメーカーを軽自動車の分野に留めさせようとする意図もあった。

　翌1962年になると、通産省は貿易の自由化前に国産乗用車の国際的競争力を付けるためにどうするかを検討する「乗用車政策特別小委員会」を発足させた。委員会の答申は1962年12月に出された。

　それをもとに作成されたのが「特定産業振興臨時措置法」、略して特振法である。その骨子は、過当競争を避けるために特定のメーカーだけに乗用車の生産を限定し、メーカーの合併や提携を促すものだった。乗用車メーカーの数が増えて多くの車種がつくられるのを避けて、車種を限定して集中的に生産する体制をつくること、メーカーの乱立を防ぐのが狙いだった。

　通産省の方針に沿って行動するメーカーには、財政資金を投入する計画が立てられた。要するにトヨタと日産を中心にして、そのほかのメーカーは、どちらかに吸収されるように行政指導するものだった。アメリカやヨーロッパでは自動車メーカーは寡占化が進んでおり、日本でも同じようにしなくては取り返しがつかなくなるという判断である。

　当然のことながら、トヨタや日産以外の自主的な行動を制限されかねないメーカーは反発した。自由競争を保証することが資本主義の基本的原理だったからだ。とくに、これから四輪部門に参入しようとしていた本田技研工業の本田宗一郎社長は、乱立という視点でいえば四輪の比ではない二輪メーカーの激しい競争のなかでトップ企業になった経験をもっているだけに、競争原理を無視する通産省の行政指導に猛烈に反発し抗議を繰り返した。

　通産省により作成された法案が閣議決定され、1963年3月にはいると国会で審議された。国会議員を含め議論が活発になったが、企業の自主的な活動を制限する内容だけに、賛成多数とはならなかった。時代に逆行するものとして、批判する声は通産省の思惑を超えて大きく、3回にわたって国会に上程されたが、ついに審議未了で廃案となった。当時、各産業界への影響力が大きかった銀行が足並みを揃えて反対したことも成立しない要因のひとつだった。

　自動車メーカーの将来は、自由な競争にゆだねられることになったが、戦前の商工省時代から続けられた通産省による自動車メーカーの保護育成政策は、この後も依然として自動車メーカーの提携や合併を推進する方針を堅持していた。

> 　我が国で完成乗用車の輸入自由化が実施されたのは1965年10月である。これにより、乗用車の輸入に際して為替を使用する許可が必要なくなったわけだが、おそれていた事態にはならなかった。自由化されれば、雪崩のように外国車が日本に入ってきて、たちまちのうちに国産車は市場から姿を消すというのが、自由化の最悪のシナリオだった。しかし、実際には外国車は関税がかけられ、販売価格も国産車より高い設定のままで、脅威にはならなかった。
> 　逆に、激しい国内の競争により国産車の性能が向上し、価格も段階的に引き下げられて、結果として国際競争力を付けていったのである。

■日本初の直列6気筒OHC型エンジンの開発のスタート

　プリンス自動車が日本で最初に、直列6気筒OHC型という高性能エンジンの開発をすることになったのは、通産省が発表した3グループ化構想を打ち出したことが直接のきっかけだった。

　高級車メーカーとしてしか生きられない可能性がでたために、それにふさわしいエンジンを持つ必要があると考えたからである。あるいは、こうした事情がなくとも、プリンス自動車なら、いずれ高性能エンジンの開発に率先して挑戦しただろうが、この時期に開発することになったのは、真摯に通産省の意向に従おうとしたからである。

　設備投資を控えるようにとか、車種を増やさないようにとか、1960年代にはいると貿易の自由化を前にして、通産省からのプレッシャーがつづき、新興メーカーのプリンス自動車は、必死で生き残れる道を模索しつづけたのである。

> 　東洋工業（マツダ）がロータリーエンジンの開発に熱心に取り組んだのも、同じような背景があったからだ。オート三輪車メーカーからの転身を図る過程で、通産省からプレッシャーがかかり、自動車メーカーとして独自色を出すためにドイツNSU社からライセンスを取得してロータリーエンジンを開発することにしたのである。オーナー社長の松田恒次が決断したもので、当時はレシプロエンジンが新しい動力に代わる可能性があるとして、ロータリーエンジンが脚光を浴びたところがあった。
> 　トヨタや日産という主流の自動車メーカーのあいだに割って入ろうとして、プリンス自動車や東洋工業のような新興のメーカーは、苦しい選択をしなくてはならないところがあったのだ。

　直列6気筒は、バランスが良いので振動が少なく、高回転域までスムーズに噴け上がっていくのでマニアには好かれる機構である。ただし、直列4気筒エンジンと比較すると2気筒ぶんエンジンが長くなるのでコストがかかり、クルマに搭載する

のに不利であり、回転部分のパーツが暴れないように対処しなくてはならない。また、オーバーヘッドカムシャフト（OHC）は高回転向きな機構で性能向上を図ることができるものの、OHV型より機構が複雑になり、技術的に解決を迫られる問題がいくつもあった。

グロリアスーパー6用の直列6気筒OHC2000ccエンジン

そのため、直列6気筒OHC型にすると性能的に良くなることは分かっていても、どのメーカーもその開発に踏み切れないでいた。

技術的にむずかしいことに挑戦する気風があったプリンス自動車は、またしてもムリをすることになったのだ。

ちなみに、トヨタや日産が直列6気筒OHC型エンジンを新しくデビューさせるのは1965年以後であり、プリンス自動車に遅れること2年あまりだった（プリンスが63年につくった直列6気筒エンジンG7型は69年につくられたL20型に代わり、これが長期にわたって使用された）。技術進化の激しいこの時代の数年は大きい。それだけプリンス自動車は、技術的に先頭をはしることによる苦労を背負い込まなくてはならなかった。ちなみに、トヨタM型とプリンスG7型とは、開発時期に違いがあるものの、エンジン仕様がまったく同じ数値になっている。

岡本和理が生産技術部に移動したことにより、この6気筒エンジンの開発は浜松のミシン工場から移ってきた榊原雄二など、岡本より若い世代の技術者が中心となった。これは1960年代になってからの特徴で、戦後に入社した若手技術者が育ち、次第に技術部門の中核を担うようになったのだ。

まずは、このタイプのエンジンとしてもっとも安定した性能を発揮しているベンツ220Sエンジンの分解調査から始めた。参考にしたのは、このほかに高性能で知ら

各メーカーの直列6気筒エンジンの主要諸元

型　式	ボア×ストローク (mm)	配列・気筒数	排気量 (cc)	バルブ配置	圧縮比	出力 (ps/rpm)	トルク (kgm/rpm)	発表時期
プリンスG7	75×75	直列6気筒	1,988	SOHC	8.8	105/5,200	16.0/3,600	1963
トヨタM型	75×75	〃	〃	〃	〃	105/5,200	16.0/3,600	1965
ニッサンL20	78.0×69.7	〃	〃	〃	8.6	115/5,600	16.5/3,600	1969

れたBMWエンジンがある。

このエンジン開発が本格化した1961年になると、プリンスが1500ccOHV型エンジンを開発した1950年代のなかごろとは、技術的な進化はもちろん、自動車を取り巻く環境が大きく変わってきていた。

未舗装路が多かった時代は、エンジン内にホコリが入ることを防ぐためにエアクリーナーはオイルバス式だったが、それが濾紙式に代わり、大幅に濾過性能が向上した。さらに、目詰まりを起こす乾式濾紙式から湿式濾紙になり、頻繁に交換しないで済むようになった。また、ピストンリングにクロームメッキが施されるようになり、オイル上がりが少なくなった。これらの改良は、シリンダーの摩耗を少なくする効果も大きく、ボーリングの期間は大幅に長くなった。全般にエンジンに関わるメンテナンス作業が楽になってきたのだ。

さらに、材料の破壊がどのように起こるかが解明されたことにより、それまでは学説により強度計算の方法が異なっていたが、しっかりとした基準がつくられた。また、機械部品の破壊の原因の大部分が疲労によるものであるが、その破壊が応力によってどのように進行するかが判ってきた。こうした進化によって、安全係数を余分にとる必要がなくなり、耐久性が同じでもエンジンの軽量化を図ることが可能になった。

加工技術も向上し、部品メーカーの技術力が上がったことなど、自動車メーカーを取り巻く環境が変わり、エンジンの設計も新しい段階に入ってきていた。

1960年代にはいると、こうした成果を盛り込んだ新世代のエンジンにするために、どのメーカーも競って新しくエンジンを開発した。自動車を取り巻く工業のレベルアップを背景に、出力向上が意識されるようになり、技術競争がいっそう激しくなった。そうしたなかで、新しい機構であるOHC型エンジンが脚光を浴びようとしていた。

アメリカ車は、V型8気筒などが登場して気筒数を増やし排気量を大きくすることで性能向上を図り、OHC型にする必要を感じていなかった。

日本のほうが進化しようとしていたのだ。その原因の一つは、排気量2000cc以下が小型車の区分になっているために、その範囲で性能向上させようとして機構的な進化が促される傾向があったことだ。また、クルマに興味を持つ人たちは、進んだ機構のものを好む傾向があり、メーカー側も進んだ技術の採用をアピール、宣伝を繰り広げるようになる。

■新機構の採用によるむずかしさ

直列6気筒OHC型という未経験のエンジンの設計がスタートした。エンジンの信頼性確保を優先し、重くなることを覚悟してシリンダーブロックはウエットライナー方式を踏襲している。シリンダーヘッドをアルミ合金製にしたものが出始めたが、このエンジンではシリンダーブロックと同じ鋳鉄製である。

高性能なプリンスG7型エンジン

シリンダーヘッドのほうが熱的に厳しいのでアルミ合金を使用するメリットは大きいが、シリンダーブロックと異なる材質のものだと熱膨張率に違いが見られるので、トラブルにつながりやすい。ここのところは慎重だった。エンジンが重くなることをそれほど避けようとしないのは、その後のレース用エンジンも含めてプリンス自動車の技術的傾向である。

エンジン仕様の基本であるボア・ストロークは、75mm×75mmのスクウェアタイプである。ボア75mmというのは1500cc4気筒と同じサイズなので、吸排気系や動弁機構などは、これまでのデータを生かすことができる。

6気筒エンジンは2気筒ぶん長くなるので全体が細長くなる。このため、エンジンの剛性を確保するのが大変だった。また、クランクシャフトやカムシャフトが長くなるので、回転を上げていったときに曲がったりねじれたりしないように、支持部分をしっかりさせる必要があり、シャフト自身の材料や加工に気を遣わなくてはならなかった。

この当時の技術では、カムシャフトがシリンダーヘッドに配置されるOHC型エンジンは、回転を取り出すクランクシャフトからカムシャフトとの距離が遠くなることが、もっとも厄介な問題だった。クランクシャフトの回転をカムシャフトに伝えるために使用するダブルローラーチェーンが、わずかであるが伸びてしまうのだ。そうなると、バルブタイミングが狂うので性能に影響が出る。数年後には、自動的に調整できるチェーンテンショナーを用いて解決するが、まだ、それが確立しておらず、このあたりを手探りで解決しなくてはならなかったのだ。

長くなるチェーンを2段掛けにすると少しは短くなる。2段がけにして、チェーンの伸びを調整するテンショナーを装備したが、伸びを完全に抑え込むのはムリだった。1万kmほどの間はチェーンの張りはきつめになるが、それを過ぎるとほぼ狙い通りの張りになり、その後はそれを維持することができる。

そこで、バルブタイミングはある程度走り込んでから最適になるように設定して

いる。つまり、1万kmくらいまではタイミングが適正にならないが、ガマンできる範囲のこととして、強行するより方法がなかった。先進的な機構を採用したので、ムリをせざるを得なかったのだ。

カムシャフトの潤滑のためにも工夫が必要だった。オイルをシリンダーヘッドに供給するためにジェットで噴射しているが、シリンダーヘッドにたまったオイルが、バルブを通して燃焼室に入り込む恐れがある。これを防ぐためにバルブステムにシリコンラバーによるオイルシールを設けた。

ひとつのキャブレターから燃料と空気を均等に六つのシリンダーに供給することもむずかしい。多く入るシリンダーと少ないシリンダーとでは燃焼の仕方が違ってしまう。できるだけ六つのシリンダーに均等に混合気が入るように、吸気マニホール
ドはいろいろな形状のものが試された。比較的長いバナナ型のものがよい結果が出て採用された。これも、よいと思われる形状のものを次から次へと試作し、データをとらなくてはならない。根気のいる仕事である。

開発陣の必死の努力により、当時としては高回転・高出力G7型エンジンが誕生した。圧縮比8.8、最高出力105馬力/5200回転

プリンス自販前に展示されたグロリアスーパー6

とリッター当たり50馬力を突破した。重量は4気筒1500ccより22kg重く、エンジン全長では210mm長くなった。10kg以内の重量増、エンジン全長は190mm以内のオーバーという目標だったが、信頼性の確保のためやむを得なかった。

■グロリアスーパー6の発売

このG7型エンジンは1963年6月にグロリアに搭載され、グロリアスーパー6というグロリアの最高級バージョンとして発売された。高級車グロリアにふさわしいエンジンとして、マニアには好評だった。直列6気筒OHC型エンジンというのは日本初のものだったから、さすがはプリンス自動車と思われた。また、世界的にみても2000cc以下ではヨーロッパにもないもので、OHCエンジンそのものも、2000cc以下では数は少なかった。このグロリアスーパー6の車両価格は119万円と、4気筒エンジ

この当時の国産最高級車種
のグロリアスーパー6

ンのクラウンやセドリック
より10〜20パーセント以上
高くなった。

このエンジンを開発した
ことが、後のスカイライン
2000GTを生むことになる。

なお、グロリア用の直列4
気筒1900ccエンジン同様に

グロリアスーパー6シリーズ主要諸元

発表時期	車名		全長 (mm)	全幅 (mm)	ホイールベース (mm)	乗車定員 (人)	車両重量 (kg)	最高速度 (km/h)	搭載エンジン 型式
1962年 9月	グロリア	S40	4650	1695	2680	6	1290	145	G2
1963年 6月	グロリアスーパー6	S41	↑	↑	↑	↑	1320	155	G7
1964年 5月	グランドグロリア	S44P	↑	↑	↑	↑	1395	170	G11

3ナンバーの普通車として登場したグランドグロリア

ボアを84mmに拡大して排気量を2484ccにした130馬力直列6気筒OHCのG11型エンジンがつくられ、これを搭載したグランドグロリアが1964年5月に発売された。3ナンバーの普通車で、価格は138.5万円だった。

国産で初のパワーウインド付きにして、自動的にブレーキシューの調整が可能なブレーキを採用するなどグロリアの装備を充実させて、いっそう高級車に仕立てたものである。

リアのサスペンション用のリーフスプリングはグロリアでは2枚になっていたが、これでは1枚に減らされ、乗り心地の向上が図られた。さらに、1965年12月にはボルグワーナー製オートマチックトランスミッション採用車が発売された。

試作型と思われるグランドグロリア（リアのエンブレムはPRINCE2500とある）

第12章 ファミリーカー2代目スカイラインの誕生

■開発コンセプトの変更

2代目グロリアより少し遅れたものの、併行してスカイラインのモデルチェンジが実施された。

2代目スカイラインは、初代と異なるファミリーカーというコンセプトのクルマとなった。初代スカイラインのコンセプトは2代目グロリアに引き継がれたから、初代のモデルチェンジというより新しい車格のクルマとして企画され、開発がスタートしたということができる。グロリアを日村が担当するので、これはトラックの開発をしていた藤田喜作が担当した。旧中島飛行機系の技術者による最初の乗用車開発である。

浜松のミシン工場からやってきた藤田は、きまじめで着実に積み上げていくタイプの技術者であり、美しく芸術的な図面を繊細なタッチで描くことで知られていた。

乗用車メーカーとして飛躍するには、エントリーカーを持つ必要がある。国民車構想に刺激されてプリンス自動車でも空冷エンジンを搭載するサイズの小さいクルマの開発をしたが、これはボツになった。そこで、機構的なムリをしないでプリンスらしいクルマをつくろうと、1950年代の終わりに企画が立てられ、エンジンは最初は1000cc、次いで1200ccで計画されたのである。このエンジンはG12型として新しく開発する予定だった。スタイルはヨーロッパ車を参考にして決められた。これが2代目スカイラインの基本企画である。

デザイナーが競作してスタイルが決まり、1961年6月に試作1号車がつくられた。ところが、この審査会でまたしても石橋会長からダメが出た。ラジエターグリルがなくシンプルなイメージのものだったので、インパクトがないと判断されたためだ。

最初につくられたスカイライン試作車

これにより仕切り直しとなり、直列6気筒OHCエンジンを先に開発することになり、エンジンは既存の1500ccにすることになった。このころのライバルとなるクルマは、ブルーバードが1200cc、コロナが1000ccであった。

あらためてデザインされたクルマは直線を基調として、フロントグリルが存在感を示し、テールライトが丸形をしたものになった。ファミリーカーとしては、すっきりと格調の高いイメージのものとなった。

軽量化のためにモノコック構造が採用された。この時代になると、高速走行に耐えられるクルマにすることが重要になり、ボディ構造の進化は必須になっていた。村山工場をつくり、優秀な工作機械を導入したことにより、精度の良いボディをつくることが可能になったことも、モノコック構造の採用に踏み切らせた要因であった。

シャシーに関しては、スカイラインがリアをコンベンショナルなリーフスプリング使用のリジットアクスルを採用した。ここでは、グロリアとは異なりムリをせずに信頼性を優先した設計になっている。

2代目スカイラインとほぼ同時期の1963年9月に登場したブルーバード410型、その1年後にデビューするコロナRT40型は、いずれも同じモノコック構造を採用している。

このときはブルーバードは1200ccだったが、コロナは1500ccエンジン車となっていた。この2台は、1960年代のベストセラーカーとして販売は月に1万台を超えるほどとなった。ブルーバードがベストセラーカーとなり、コロナが猛烈にこれを追いかけ、1965年にトップの座を奪った。

BC戦争と称される販売合戦がトヨタと日産のあいだで繰り広げられた。カローラやサニーが登場するまでは、このクラスのクルマが販売の中心で両メーカーが競うことで乗用車の販売が増えた。乗用車中心の時代が訪れようとしていたのだ。

プリンスがスカイラインをファミリーカーに位置付けたのはブルーバードやコロナの販売競争の中に割って入るためだった。しかし、次章で述べるようにスカイラインのファミリーカーとしてのイメージは長続きしなかった。

1962年発売のブルーバード410型

1964年発売のコロナRT40型

■メンテナンスフリー化への取り組み

　2代目スカイラインの大きな特徴は、メンテナンスフリー化を進めたことである。初めてクルマに乗る個人ユーザーが多いことを想定してのことである。

　アメリカでは1960年ごろからトランスミッションやデファレンシャル、シャシーなどの無給油化が進められていた。これを知った新山専務は、開発陣にこれに取り組むように指示したのである。海外の新しい情報に敏感なのがプリンスの特徴であった。この開発の重要な新技術となったのが、シャシーとエンジンのメンテナンスフリー化である。

　シャシー関係では、サスペンションやステアリングの関節に当たる部分、プロペラシャフトのジョイント部分やホイールベアリングなどにはグリスを定期的に給油する必要があった。

　アメリカはほとんど舗装されていたが、1960年初めごろの日本は舗装化が進みつつあるとはいえ、まだ未舗装路が多かった。そのため、ホコリが侵入したり跳ねた小石が当たってシーリング部分が損傷するので、給油のインターバルが短く、ユーザーは気を遣わなくてはならなかった。これを2年間3万キロ保証にすれば、当時は車検までは新車でも2年だったので、ユーザーがメンテナンスに気を遣わなくて済むことになる。この期間を保証することが目標となった。

スカイライン1500のフロント足回り

　解決のために、主として次の三つが考えられた。第一はサスペンション関係ではラバーブッシュを使用する箇所を増やしてグリスを塗る必要のないところを多くすることで、第二はロングライフのグリスの開発であり、第三はホコリの侵入や破損を防ぐシーリング法にする必要がある。第三のシールすることが、もっとも厄介だった。

　ダストカバー用の合成ゴムは破れやすかったが、ウレタン系ラバーが開発され、テストが繰り返された。強度があっても熱に弱かったりと、簡単にはいかなかった。いろいろと配合を変えて試験を重ね、ようやくものにすることができた。

　このころになると、優れた性質を持った材料が材料メーカーや部品メーカーで開発されるようになり、次第に展望が開けていったのだ。グリスも、劣化を抑える添加剤が開発されて長寿命のものになった。また、グリスを塗る機構部分の精度を上げるなどで耐久性が図られた。

　これらは、藤田の下でサスペンションを担当した桜井真一郎が中心になって開発された。初代に次いでシャシーを担当し、次の3代目スカイラインでは彼がチーフ設計者となる。

　この「給油期間の延長化の実用化」により設計の桜井と実験の奥井四良が、この年の自動車技術会の技術賞を受賞した。

　また、エンジンに関しても同様に4万キロまたは2年間保証となり、エンジンが封印されて発売された。このときにエンジン名称はGA4型となっているが、これは富士精密からプリンス自動車に社名が変更されたために、FG4A型のFをなくしたからで、それまでの1500ccエンジンの改良型である(その後G1型と呼称される)。ACダイナモの採用、オイルフィルターの改良などによ

封印された70馬力エンジン

スカイライン1500主要諸元

発表時期	車名	全長(mm)	全幅(mm)	ホイールベース(mm)	乗車定員(人)	車両重量(kg)	最高速度(km/h)	搭載エンジン型式
1963年11月	スカイライン1500　S50D-1	4100	1495	2390	5	960	135	G1

ファミリーカーとして登場したスカイライン1500

りメンテナンスフリー化が図られ、信頼性の高いエンジンとなった。

　これは1967年に新しく1500ccOHCのG15型エンジンが登場するまで使用された。本来なら、グロリア用の直列6気筒OHCエンジンより先に2代目となるスカイライン用に1500ccの新エンジンが開発されるはずだったが、後まわしにされたのである。さらに次章で述べるレース活動により、またまた後まわしにされることになる。

　発表は1963年9月で、車両価格は73万円だった。ちなみに、このときのコロナ1500デラックスは67.9万円、ブルーバード1200デラックスは66.7万円だった。

■ユニークなスカイラインスポーツの登場

　ここで時代的には後先になるが、2台のユニークなクルマについて述べることにしたい。どちらも少量生産と試作だけに終わったスポーツタイプ車である。

166

　話題となったのは、1962年2月に出たクーペとコンバーチブルのスカイラインスポーツである。

　スポーツカーはマニアに関心を持たれ、メーカーのイメージアップ効果が大きい。しかし、販売台数は多くを期待できないので多分に趣味的なクルマである。1960年のはじめの段階では日産のダットサンスポーツがあるくらいで、トヨタは試作車をつくってはいたものの、発売の意志は全くなかった。

　プリンス自動車でも、開発スタッフを動員してスポーツカーをつくる余裕はなかった。それでも、プリンスらしさをアピールするためにスポーツカーをつくりたかった。企画を立てたのは技術部を統括する中川良一常務である。

　他のメーカーではクルマ好きの若手などが企画を立てて上申しても、なかなか許可が与えられないのが普通である。ところが、下からの要求を抑える立場の首脳がやろうというのである。きっかけとなったのは、デザイナーがイタリアに留学したことである。

　1950年代の終わりから60年代の初めにかけては、クルマのデザインの重要性が認識され、日本の各メーカーは、デザイナーのレベル向上のためにアメリカやヨーロッパに留学させていた。アメリカ車もヨーロッパ車も個性的であか抜けて見えたもので、そのレベルに近づくことが狙いだった。

　プリンスでは、1959年からイタリアに留学していたデザイナーの井上猛を通じて、スポーツカーのデザインをジョバンニ・ミケロッティ事務所に依頼することになったのだ。ミケロッティはピニン・ファリーナと並ぶイタリアのカロッツェリアの代表的存在で、世界中のメーカーからデザインを依頼されていた。

　このときのプリンスは、クルマのデザインだけでなく、ミケロッティのデザインしたものをクルマとして仕上げることまで依頼した。それに基づいてミケロッティは、自身がデザインしたクルマの製作を現地のコーチビルダーのアレマーノ社に依頼した。

　日本から初代スカイライン用のエンジンのついたシャシーがイタリアに送られた。これを使用してクーペとコン

スカイラインスポーツ・コンバーチブル

スカイラインスポーツ・クーペ

バーチブルのスポーツカーがつくられた。

　この2台のスポーツカーは1960年11月のトリノ自動車ショーに出品されて話題となった。さすがにイタリアのカロッツェリアの手になる優雅で美しい曲面をもつクルマで、日本車とは何から何まで違う印象があった。

　1961年7月にデザイナーの井上が帰国する際に、ボディ工場で働いているベテランの板金職人4名が一緒に来日した。彼らによって日本とは異なる、美しい曲面を叩き出す板金技術が伝授された。少量生産なので、ボディはプレスを使わずに手たたきである。

　このクルマをつくるために試作課とは別にスポーツ車課が1961年5月に新設された。ある程度のクルマができたところで、1962年2月から売り出された。

　1864ccのグロリアに搭載されたものをスポーツカーにふさわしい味付けにした94馬力エンジンが搭載されていた。クーペ185万円、コンバーチブル195万円と高価だったが、量産車ではないから利益など出るはずがない。

　イメージを高める効果があったものの、少量生産であったから当然赤字である。企画した中川は、小川社長から、こうした道楽はあまりしないように注意された。

■ショーモデルのスカイライン1900スプリント

　これとは別に、井上のイタリア留学の成果としてつくられたのが、1963年の東京モーターショーに参考出品されたスカイライン1900スプリントである。

　イタリア留学中の井上は、新興のカロッツェリアのスカリオーネでプリンスの国民車構想に基づく空冷エンジンのリアエンジン・リアドライブ車のシャシーを使用したスポーツカーをつくっていた。

　このスポーツカーのデザインがスカリオーネ事務所に発注されて、そのデザインに参加し研修をつんでいたのである。全長3500mmのコンパクトなクルマで、井上の帰国後にスカリオーネ事務所からスポーツカーの線図とホワイトボディ、板金製作のための木型が送られてきた。

　しかし、ベースにした空冷エンジンのクルマは市販しないことになったので、このデザインをもとにしてスカイラインのシャシーを使ったクルマに変更された。スカリオーネの協力はここまでで、井上がひとりでサイズを大きくしてデザインし、線図を描いて試作課がそれをもとに仕上げた。

　これがスカイライン1900スプリントである。1963年10月に試作車が完成した。スカイラインスポーツとは異なるスタイルの存在感のあるクルマになったが、市販されることはなく、1963年の東京

スカイライン1900スプリント

モーターショーに出品され好評を博して終わった。

　なお、スカイラインスポーツを60台つくったスポーツ車課は、1963年9月にその仕事で役目を終えて、スポーツ車課は試作2課となった。

　この後は、次章で触れるレース車を製作することになり、さらにベテランが腕を発揮した板金作業などで、ハンドメイドのプリンスロイヤルをつくっている。

第13章 スカイライン2000GTとR380のレースでの活躍

■第1回グランプリレースの惨敗

　プリンス自動車の日本グランプリレースでの活躍は伝説になっているが、レースとの関わり合いそのものがプリンスの姿を象徴している。

　メーカーは協力しないという自動車工業会の申し合わせを守って、1963年の第1回日本グランプリレースでは、ほとんど手をこまねいていて良いところが全くなく負けてしまったプリンス自動車は、そこで次の年のレースに勝つために必要な活動を開始。さらに、世界的なレベルのクルマに勝とうと本格的なレーシングカーをつくってしまう。まさに技術追求に全力を傾けてレースに挑戦したのだ。

　運が味方をすることがあるにしても、技術的に優れていなくてはレースに勝つことができない。勝つための戦略を立て、その実現を期すために挑戦するレースほど、命を賭ける技術追求にふさわしい場はそうそうない。プリンス自動車の技術陣が張り切らないはずはない。まさに戦闘であり、戦争である。

　かつての飛行機メーカー時代は、軍部の意向に添って技術開発を進めなくてはならなかったが、ことレースに関しては自分たちで戦略を立て、クルマの性能向上を図り勝負に挑んでいく。技術追求の仕方として、これほど面白いものはないであろう。

　飛行機の開発で味わったのと同じ緊張と集中的な技術追求の快感がレースにはあった。限られた時間内で技術的成果を達成するという明確な目標を持つことで、

中川良一をはじめとしてプリンス自動車の技術陣は、久しぶりに全身全霊を賭けるものができて張り切った。

しかし、その前に第1回グランプリレースの惨敗があった。

1963年5月3・4日に行われたレースで、出場したプリンスのスカイラインスポーツは7位に入るのがやっとで、グロリアにいたっては予選落ちという結果だった。

これに対してトヨタでは、パブリカとコロナとクラウンが、それぞれ出場したレースで優勝を飾った。日産もフェアレディがスポーツカーレースで勝った。販売の主力車種すべてでレースに優勝したトヨタは「グランプリ優勝」キャンペーンを張り、レースで勝つことは性能の良いクルマであることが実証されたとして販売拡張に利用し、大きな成果を上げた。

これに対して、クルマの優秀さ、高性能さが信条だったはずのプリンスはレースで負けたことにより、大きなイメージダウンとなった。とくにスカイラインス

第1回日本グランプリレースを走るスカイラインスポーツ

ポーツは、洗練されたスタイルが評判になっていたのに、上位を走ることができずいいところがなかった。スポーツカーは颯爽と走らなくてはならないもので、レースで鈍足振りを見せてイメージを落とした。

鳴りもの入りで発売したフラットデッキのグロリアも、直列6気筒エンジン車は間に合わなかったものの、クラウンやセドリックより高性能であるというイメージをもっていただけに、この敗戦は痛かった。レース結果は、販売の足を引っ張った。

■「1年待ってください」

激怒したのは石橋会長である。レース後に呼び出された中川良一常務と田中孝一郎実験部長の二人は、レースに勝つために何の手も打たなかったことを叱責された。自動車工業会から、クルマの性能向上のために各メーカーは手出しをせず、自らがチーム編成をしないという申し合わせがあったことを中川が伝えた。しかし、石橋はその申し合わせを守ったことにあきれた。

レースで勝つことの重要さをあらかじめ見抜けないだけでなく、レース後になっ

ても鳶<ruby>鳶<rt>とんび</rt></ruby>にあぶらげをさらわれたことに反省していない態度に我慢がならなかったのだ。二人は、惨敗の責任を取って始末書を出すようにいわれた。

中川にしてみれば、業界の申し合わせをまもるのは当たり前のことであり、始末書を出さなくてはならないことは理解できなかったようだが、石橋の怒りを静めるために「1年待ってください。今度は必ず勝ちますから」といった。本気になれば負けないという自信があった。

他のメーカーに比較すれば熱心でなかったものの、プリンス自動車も第1回グランプリレースに関して、なにもしなかったわけではない。

第1回グランプリレースに関わったのはスカイラインスポーツの製作を担当したスポーツ車課だった。レースに出たいとアプローチしてきた生沢徹と2名の在日米軍人にクルマを貸与し、その整備をすることになった。しかし、とくにレース用に改造することはしなかった。二輪ライダーとして活躍し、当時の有名な画家である生沢朗の一人息子でスター要素のあった生沢は、プリンスが国際的なラリーであるリエージュ・ソフィア・リエージュラリーにグロリアで1961・62年に出場していることから、レースに関心を持ち、性能の良いクルマを提供してくれると思ってプリンスにアプローチし、クルマの貸与を受けた。

しかし、決勝レースが近づいてもクルマは速くならず、鈴鹿サーキットを走るライバル車のタイムに劣ったままだった。

レース担当のスポーツ車課は、たまたまスカイラインスポーツをつくっていただけで、レースについての知識もなく、性能向上のためのノウハウも持ち合わせていなかった。他の部署の人たちは、自動車工業会の申し合わせを知っていたから、レースとは無縁と考えていた。

レースの直前になって、エンジン実験課に何とかしてくれと応援を頼んだものの、わずかな期間では効果的な性能向上は図れなかった。

そもそも日本でビッグレースが開催されることになったのは、本田技研工業が資本を出して国際的なレースコースを鈴鹿の工場近くにつくったことがきっかけだった。1962年に竣工して、その年の秋に二輪車による国際的なレースが行われ、次いで四輪のレースが企画された。主催は本来なら日本自動車連盟（JAF）になるところだったが、誕生まもなくだったこともあって、ホンダのレース組織であるJASAが主催することになり、JAFに構成メンバーを送り込んでいる自動車工業会としては、このレースに協力しないことになった。

しかし、国産車によるレースが見られるということで、一般の関心は非常に高かった。現在は特定のファンだけが見るプロレスも、テレビが始めたときには

力道山という国民的スターの登場により一般的な人気スポーツとなったが、それと同じようなところがあった。2日間で20万人もの観客が詰めかけ、テレビでも放映された。思い切りスピードを出してクルマが速さを競うのを見るのは初めての人がほとんどだった。

　事前にレースへの一般的な関心が強く、レースに勝つことが販売拡張に繋がると予測したのはトヨタ自販の人たちだった。自動車販売会社は自動車工業会のメンバーでないから申し合わせに縛られることはない。出場しようと自分でクルマをサーキットに持ち込んで走っているなかから速そうなドライバーに声をかけてスカウトした。式場壮吉や多賀弘明などである。そのほかにも各販売店の推薦によるドライバーと契約した。

　当時はどのメーカーもディーラーも、レース車の改造に関するノウハウはほとんどなく、手探りだった。事前に手を打ったトヨタは、生産車そのものの性能では劣っていても、優秀なドライバーと性能向上させたクルマで有利な状況をつくった。他のメーカーが積極的でなかったために、それほど優れた体制をつくったわけではなかったが、わずかでも有利に立てば勝つことができるのがレースである。このときのトヨタ自工は、プリンス自動車同様に無関心だったが、トヨタ自販がみごとにカバーしたのである。

　日産も熱心でなかったものの、宣伝課でレースの重要性を認識した課長が、せめて発売されてあまり経たないフェアレディだけでも勝たせたいと、性能向上のための手を打ったことで、かろうじて優勝できた。

　360cc以下の軽自動車クラスのレースでは、スズキとスバルが対照的なレースへの対応を見せた。もともと性能の優秀なスバル360の圧勝というのがレース前のおおかたの予測だった。練習走行時のラップタイムもスバルがスズキフロンテをリードしていた。ところが、いざレースとなるとフロンテはスタートから飛び出し優勝した。二輪の国際レースで活躍するスズキチームは、まともにいっては勝てないことが判っていた。そこで、密かに性能向上させておきながら、まわりに目があるときにはゆっくりと走っていたのだ。二輪レースで経験豊富なドライバーを起用したので、レースの駆け引きにもたけていた。スバルのほうは、ほとんど何も策を弄さなかったから、スズキに1、2位を取られて3位という予想外のレース結果を受け入れるしかなかった。バカ正直なところは旧中島飛行機の流れを汲む自動車メーカーに共通なのかもしれない。

　いすゞは販売関係にレースのことを知るイギリス人がいて、事前に作戦を立てて臨んで、市販車の性能はグロリアに劣っていたものの健闘して2位に入った。日野は、レース活動をしていたクラブに車両を提供して任せ、コンテッサ900が優勝した。

トヨタのグランプリ制覇キャンペーン

■必勝を期してレース部隊を編成

　1964年の第2回グランプリレースでは、基本性能で大きくレベルアップしていた新型スカイラインとグロリアスーパー6の2台が中心になる。

　1964年のグランプリレースに向けて、すべてのメーカーが必勝体制をつくろうとしていた。トヨタがレース結果を販売拡張に利用し、その効果の大きさは驚くほどだった。そのため、レース用の予算をたっぷりと取って、それぞれにメーカーチームを結成した。前年の申し合わせは廃棄されており、対等なレベルで制限なしの競争が始まろうとしていた。

　メーカーのレース用予算は、第1回グランプリにトヨタがかけた費用の何十倍、いや何百倍に達するもので、お金に糸目を付けないように見えた。そのなかでも、力の入れ方がすごかったのはプリンス自動車である。レースに勝つまでは生産車開発の凍結も辞さない態度だった。

> 　グランプリレースの開催は、高速走行テストをやっているようなものだった。市販車に近いままのクルマでサーキットを走ると、ブレーキは効かなくなり、エンジンからオイルが噴き出し、オーバーヒートし、タイヤは悲鳴を上げ、トランスミッションは入らなくなり、とにかくトラブルが次から次へと出た。クルマのもろさを露呈したのだ。第1回グランプリレースは、それらの対策におわれたが、第2回レースを迎えるに当たっては、トラブル対策よりも性能を上げることが目的になった。テストのためにはサーキットを借り切って走行し、そこで生じた問題点を対策してまた走るテストを繰り返す必要があった。コースの専用走行にも多額の料金を支払わなくてはならなかったが、それをためらうメーカーはなかった。

　中川良一常務が統括するレース体制がつくられた。サーキット走行などは実験部が当たり、車両企画は設計部が担当し、全社を挙げて協力することになった。組織的なチーム体制がつくられたのは1963年7月である。設計部がレース車の性能向上のための図面をつくり、それをもとに試作課でレース車がつくられ、実験部がレース車の運用とドライバーの育成、レース出場を担当するという役割分担が決められた。

　トヨタや日産では、レース部隊が新設され、レースに関するクルマづくりから参加まで一貫して担当することになった。生産車を受け持つ部門とは担当が異なり、生産車の技術者がレースに影響を受けない体制だった。プリンスが、成果を上げるために全社的な体制にしたのとは異なっていた。プリンスは同じ部署で生産車の開発と同時にレース活動もすることになるから、レースに力を入れれば、生産車のほ

うは、おろそかにならざるを得
なかった。

　1963年8月には、発売されて
間もないグロリアスーパー6で
前年に引き続いてリエージュ・
ソフィア・リエージュという
ヨーロッパの長距離ラリーに出
場する計画で準備していた。過
去2回はリタイアしていたが、
今度は上位入賞を果たすつもり
でラリー用の改造が進められて

第2回グランプリレースで圧勝したグロリア

いた。しかし、グランプリレースを優先するために急遽、ラリーへの出場を取りや
めることになった。

　中川は、かつて中島飛行機で零戦用の「栄」エンジン開発が終わらないうちに「誉」
の設計をすることになり、本来なら二人でやるべきことを一人でこなした経験を
持っていた。そのときのことを思い出せば、いくら忙しくても「気持ちが乗ってい
るときには困難と思われてもやりとげられるものだ」と考えていた。レースへの取
り組みは、そうしたものであると、あえてレース車の開発を別組織にしないことに
したのだった。もとより、これに異議を差し挟むものはいなかった。

　プリンスのレース活動は、このとき実験部長になった田中次郎が実際面での責任
者になり、その下で設計部の桜井真一郎と実験部の青地康雄が中心になって行われ
た。レースの監督は青地である。

　ドライバーは前年から続いて生沢徹、それに前年にジャガーで優勝した横山達、
さらに二輪のヤマハチームで世界のレースに参加した経験を持つ砂子義一、大石秀
雄と契約した。

　他のメーカーチームと違うのが社員ドライバーの起用である。エンジン実験の古
平勝、走行実験の杉田幸朗、その後に須田祐弘などが加わった。走るのが好きで、
レースチームに加わることを望んだ人のなかから選ばれた。契約ドライバーは速く
走ることに専念し、社員ドライバーがクルマの開発のためのフィードバックを果た
しながらレースにも出場する。

　プリンスのレース部隊には、契約ドライバーを別にしてレース経験者は一人もい
なかったが、それがハンディキャップになるとは誰も思っていなかった。

■グランドツーリング部門への参加決定

　この頃はサーキットを走るクルマも自走していった。手持ちのクルマで出場できるのはグロリアとスカイラインのツーリングレースの2部門だった。

　秋も深まって、鈴鹿サーキットの本格的試走が始まった。このときにスカイライン1500のボディに同じ4気筒で1900ccにしたG2エンジンを搭載したクルマを試験的に走らせてみた。1500ccエンジンとは異なり、よく走った。これでレースを走らせるのは面白いと、レースへの出場を検討することになった。

　ツーリングレースではエンジンの改造に関して制限が厳しく設けられているが、この範囲を超えて改造するとグランドツーリングレースに出場することになる。そこで、パワーアップを図るために1900ccに拡大して、さらにOHC型に改造する案も浮上した。このほかに、直列6気筒エンジンをパワーアップさせてグロリアを走らせる案も考えられた。

　レースに出場するからには、ライバルを上まわる性能になっていなくてはならない。グランドツーリングカー部門には、日産フェアレディに加えて、トヨタが1900ccにしたコロナを出場させるという噂があった。そのうちにコルチナロータスというイギリスの高性能車が出場しそうだという情報が寄せられた。フォードのコルチナをレースの名門ロータス社がチューニングしたスペシャルカーで、普通ではとうてい勝ち目のないものだった。

　これに勝つために大幅な性能アップを図るには、どうしたらよいか。

　登場したのが第三の案である。パワーのあるグロリア用の直列6気筒OHCエンジン

レースから生まれたスカイライン2000GT-B

を軽量なスカイラインに搭載するというものだ。4気筒車に6気筒エンジンを搭載するには、ボディを大幅に改造しなくては不可能だ。ボディを真ん中から打った切って継ぎ足すことになる。乱暴な話だが、それでクルマがつくれないことはない。

　ホイールベースが200mmのばされたグランドツーリングカーは、密かに1963年11月の終わりから図面が描かれた。鈴鹿に行ってプリンス車の走りを見ていた技術者がこの案を思いついたもので、とりあえずはクルマとして成立するものかどうか検討が始められた。もちろん、上司の承認を得る前の行動である。

　これでいけそうだということになった。しかし、大きな問題がふたつあった。ひとつは、果たして重いエンジンを搭載することでバランスが崩れてしまわないかだ。もうひとつは、車両サイズの異なるクルマをつくる場合は、まったくの新モデルと見なされ、レースに出場するためには決められた条件を満たさなくてはならない。当時のグランドツーリングカーの規定では100台以上生産していなくてはならなかった。市販されることを前提につくられたクルマであるのが基本精神で、そのために最低生産台数が決められていたのだ。公認車両（ホモロゲーション）として出場を申請する最終締め切りは3月15日だった。それまでに、100台つくり上げなくてはレースに出場することができない。それは至難の業だった。

　ムリをするのはプリンスの信条である。中川をはじめとする首脳陣で、そんなムリなことは止めておけ、というものはいなかった。

　このプランが正式に首脳陣によって承認され、スカイラインGTとして誕生することが決定したのは、年を越して1964年1月27日のことだった。

　しかし、実際にはそれ以前から開発は進められていた。プリンスは、何ごとも会議をしないとはじまらない会社ではなかった。書類にハンコがそろわないとダメでもなかった。待ったなしの仕事が多いから、形式をきちんと踏んでいると間に合わなくなるので、臨機応変に行動するのが当たり前のところがあった。それでも、日程的にはとんでもなく厳しい。正式決定の後に開発が始まったのでは100台を期限までにつくることができなかったろう。

　まず試作車として3台つくられ、サーキット走行用の5台がつづき、残りの92台が突貫工事で生産された。

　試作工場は、まさに戦場だった。スカイラインを生産ラインから引っこ抜いてきて、用意したボンネット2枚を切断して決められた寸法のところで溶接して6気筒エンジンが納まるサイズにする。サイドや下まわりも同様だ。この間にもツーリングクラスのレースに出場するスカイラインとグロリアの性能向上が図られている。

テストで走ったクルマは分解されて点検を受け、性能向上を図るために新設されたパーツを組み込んだり、トラブル対策された部品に交換する作業がある。狭い工場のなかで、部品は散らばり、作業に必要な工具がおかれ、クルマに張り付いたメカニックが怒鳴り合い、そのなかで打ち合わせが行われ指示が飛び、ときにはエンジン音が響く。特殊工具は数が少ないから奪い合いになる。徹夜の連続でぶっ倒れるものも出た。100台が3月15日までにつくられたのは奇跡のようなものだった。

　スカイラインGTは運輸省の認定試験に合格して、プリンスの新モデルとして認可された。

　エンジンにはウエーバー型キャブレターが3個装着され、大幅なパワーアップが図られた。165馬力を絞り出すために、この当時のチューニング技術の粋が傾けられた。このパワーを生かすためにトランスミッションが強化され、ノンスリップデフが装備された。キャビンはスカイライン1500と同じで、ボンネットは6気筒エンジンを搭載したために長くなっていた。いわゆるロングノーズタイプで、いかにも精悍な印象があった。スピードを上げるために車高が低くなっていたから、精悍さがさらに増していた。

　スカイラインGTは、車幅はそのままで、全長が長くなり、わずかにフロントトレッドが10mm拡げられただけだった。重いエンジンをフロントに搭載しているので、パワーをかけるとすぐにテールが滑り出した。かなりなじゃじゃ馬振りだった。コーナー入口ではカウンターステアを当てなくてはならず、コーナーをドリフトしながらまわらなくてはならなかった。それでも、軽い車体に馬力のあるエンジンを搭載しているので、タイムを上げることができた。

　初めのうちは扱いかねて戸惑っていたドライバーたちも、走り込んでいくうちに慣れてコントロールできるようになり、ドリフト走行を楽しむようになった。乗りこなすにはテクニックがいるから、互いに競争して腕を磨いた。

■第2回グランプリレースの成果

　ブリヂストンもレース用タイヤを開発した。レースではタイヤの性能の善し悪しは重大な影響がある。いくら性能の良いクルマにしても、タイヤが良くなければ速く走ることはできない。性能の良いタイヤをつくろうとタイヤメーカーも必死になっていた。

　ブリヂストンでつくられた高性能タイヤは、トヨタが独占的に使用する契約になった。プリンス自動車は練習走行ではブリヂストンタイヤを使用できるが、本番

第2回グランプリレース
を走るスカイラインGT

スタートラインに並ぶポル
シェ904とスカイラインGT

　のレースでは使えない。そのためにイギリスのレース用のダンロップタイヤを急遽
輸入した。高価なものだったが、性能は国産の比ではなくすばらしかった。

　石橋が指示したわけではないだろうが、プリンス自動車はブリヂストンとは関連
会社なので、タイヤの使用に関しては、すっきりしないところがあった。もちろ
ん、レース部隊は、そんなことより勝つために必死だった。

　1964年5月の第2回グランプリレースでは、スカイラインとグロリアはそれぞれの
ツーリングクラスで、どちらも他のメーカーのクルマを寄せ付けずに圧勝した。

　スカイラインGTのほうには、予想しないライバルが現れた。レーシングカーとも
いうべき高性能車ポルシェ904で、まともに勝負できる相手ではなかった。ポルシェ
904は軽くてエンジンのパワーがあり、空気抵抗の小さいスタイルをしており、レー
スのためにつくられたクルマで、市販車をベースにしたスカイラインGTとはレベル
の違うものだった。

プリンス自動車の第3回日本グランプリ出場車主要諸元

発表時期	車名	全長(mm)	全幅(mm)	ホイールベース(mm)	車両重量(kg)	最高速度(km/h)	搭載エンジン型式
1964年 5月	グロリア S41	4650	1695	2680	1320	155	GR7A
1964年 5月	スカイラインGT S54R	4300	1495	2590	998	—	GR7B
1964年 5月	スカイライン1500 S50	3990	↑	2390	919	—	GR1

179

ポルシェ904は、それでもスカイラインGT
と同じように100台以上生産されて公認され
ていた。プリンスの活躍をはばむために、
トヨタ自販が援助して急遽取り寄せたもの
だった。ドライバーはトヨタと契約している
式場壮吉だった。

レースの直前に日本に到着したため、わ
ずかしか走れずに予選を迎えた。予選は雨
となり、クルマに慣れていないせいもあっ
てか、ポルシェ904はスピンしてガードレー
ルに激突してボディを大破した。出場が危
ぶまれたが、徹夜の作業でFRP製ボディは修
復され、他のクルマがスタートラインに並
んでから、力強いエンジン音を響かせて姿
を現した。

第2回グランプリレースの
プリンスチームの凱旋風景

傷ついた高性能なポルシェ904と、それを
囲むように6台の集団で挑戦するスカイラインGTとの争いが始まった。地を這い、
滑るように走るポルシェと、これと比べると2階建てのようなセダンタイプのスカ
イラインGTは、初めのうちは大きく離れることがなかった。スカイラインGTがく
らい付いていったのだ。ようやく幕内に入ってきたばかりの若手が横綱に挑んで健
闘しているような姿だった。

観客は、判官贔屓でスカイラインGTに声援を送った。わずかなあいだのことだっ
たが、生沢のスカイラインGTがポルシェ904の前に出た。メインスタンドの観客は
総立ちとなり、大歓声をあげた。信じられない光景を見ているようだった。

しかし、スカイラインGTの健闘もそこまでだった。トップを奪い返した式場のポ
ルシェは、そのまま悠々とリードを広げて逃げ切った。プリンス自動車は目標の3
種目制覇は達成できなかった。

しかし、スカイラインGTの健闘は優勝した以上に評価された。優勝したポルシェ
の引き立て役になったと思っていたが、実はポルシェが引き立て役を演じたことに
なった。もともと力の違うクルマに挑戦し、スカイラインGTが一時的にせよトップ
に立ったことが、強烈な印象を人々に与えたのである。

レース後に、グランプリレースの成果を祝って、全社員に小川秀彦社長から金一

封が配られた。1人1000円だったという。

> 　プリンス自動車は前年の雪辱を果たす成績を残した。トヨタはライバルがいないクラスでパブリカが勝ったものの、モデル末期のコロナはスカイライン1500の敵ではなく、浮谷東次郎の11位が最高の成績で、前年優勝の式場のクラウンは、グロリアの後塵を拝して3位になるのがやっとだった。
> 　プリンスは、この成果を生かすべくキャンペーンを張った。しかし、前年のトヨタほどの効果はなかった。ツーリングカー部門では700cc以下はパブリカが、1000cc以下は三菱コルトが、1200cc以下はブルーバードが、グランドツーリング部門1000cc以下のクラスはホンダスポーツ600が、それぞれ優勝を果たした。多くのメーカーがテレビのコマーシャルなどで「グランプリ優勝」と大々的に宣伝した。それぞれに行われたクラスのレースでの優勝だったが、どれもたったひとつのグランプリレースに勝ったかのようなニュアンスだったので、わかりにくいという意見が寄せられた。相対的にプリンス自動車のレースでの成果は弱められた。前年のトヨタと比較にならない費用を使ってレースに出場しながら、販売成績に与える効果はその何分の1かだった。
> 　トヨタや日産でも、ドライバーとは高額で契約し、自社にあるテストコースに鈴鹿サーキットと同じようなコーナーをつくってトレーニングするなど、レースに多くの費用をつぎ込んでいた。
> 　この年の各メーカーの宣伝が度を過ぎたものだったために、レースの成績を宣伝に使わないと、自動車工業会で申し合わせが決められた。

■スカイライン2000GTの発売

　レースの成績が直接的に販売に響くことは少なかったものの、プリンス自動車のレースでの活躍は、それまで以上にプリンスファンを増やした。それも、熱烈なファンだった。

　スカイラインGTは、レースに使用する残りの90台あまりは、1964年5月1日から88万円で発売したが、すぐに買い手がついた。ノーマルでは105馬力エンジンだったが、オプションで高性能なウエーバーキャブレターやノンスリップデフなどレース仕様と同じパーツが用意された。

　正規に企画されて生産されたモデルではなかったが、レースで評判となったことでユーザーからの要望に応えるかたちで、6気筒エンジンを積んだスカイラインを新しく市販することになった。レースで生まれたクルマである。

　さっそく準備のために設計部長の田中次郎とエンジン設計の榊原雄二が、ヨーロッパに飛んだ。イタリアのキャブレターメーカーであるウエーバー社に行き、高性能エンジン用キャブレターを3000個注文した。日本の聞いたことのないメーカー

スカイライン2000GTとそのコクピット

が、いっぺんにそんなに多くの高性能なキャブレターを購入する意味が判らずに驚かれた。

ロングノーズのスカイラインは、2000GT-Bと名付けられた。使いやすくするためにレース用エンジンを125馬力にデチューンされて搭載、1965年2月から発売された。89万円と高性能なクルマとしては高くなかった。

完成されたスカイライン2000GT-Bは、レースに出場した社員ドライバーがチェックして最終調整してからユーザーに渡された。その証拠としてドライ

スカイライン2000GTの主要諸元

発表時期	車名	全長 (mm)	全幅 (mm)	ホイールベース (mm)	乗車定員 (人)	車両重量 (kg)	最高速度 (km/h)	搭載エンジン 型式
1964年 5月	スカイラインGT S54	4255	1495	2590	5	1025	170	G7
1965年 2月	スカイラインGT-B S54B	↑	↑	↑	↑	1070	180	↑
1965年 9月	スカイラインGT-A S54A-2	↑	↑	↑	↑	1050	170	↑

ウエーバーキャブレターを3個装着したスカイライン2000GT-B用エンジン

直列6気筒G7エンジンシリーズの主要諸元

型 式	ボア×ストローク (mm)	配列・気筒数	排気量 (cc)	バルブ配置	圧縮比	出力 (ps/rpm)	トルク (kgm/rpm)	発表時期
G7-A	75×75	直列6気筒	1,988	SOHC	8.8	105/5,200	16.0/3,600	1963
G7-B	〃	〃	〃	〃	9.3	125/5,600	17.0/4,400	1964
G7-A※	〃	〃	〃	〃	−	141.7/6,800	16.8/4,400	1964
G7-B※	〃	〃	〃	〃	−	165/6,800	18.4/6,000	1964
G7-B'※	〃	〃	〃	〃	−	190.6/7,200	19.9/5,600	1966

※はレース用にチューニングされたエンジン

バーのサイン入りのステッカーが貼られた。

この後、この年の9月にシングルキャブレターの比較的おとなしいスカイライン2000GT-Aを発売した。こちらはグロリアスーパー6とおなじ105馬力エンジンが搭載された。

旧モデルと異なるコンセプトのファミリーカーとして誕生したスカイライン1500は、これにより2000GTの影に隠れる存在になった。あまりにもスカイライン2000GTの印象が強烈だったためである。

もともと初代のスカイラインが高性能なイメージがあり、2000GTが登場するまでのファミリーカーのスカイライン1500だけが販売されていたのは1年ちょっとだった。スカイラインシリーズとして2000GTが主流となり、次のモデルにそのイメージが引き継がれ、ファミリーカーとしてのスカイラインのイメージは定着することがなかった。2000GTが発売されてからも、スカイライン1500のイメージアップのためのキャンペーンやマイナーチェンジで存在感を示す努力をもっとすれば、あるいは違った展開となったかもしれない。

コロナやブルーバードのライバルとなるはずのスカイライン1500は、プリンスの販売の中心的なクルマの地位を保つことがなかった。プリンス自動車は、ますますトヨタや日産とは異なるイメージのメーカーになったのである。

　トヨタ2000GTがレースのためにつくられ、その後市販されている点では、スカイライン2000GTと共通したところがあるが、レースとの関わり方を見るとプリンスとは大きな違いがある。
　トヨタのレース活動は1963年に新設された第7技術部が担当することになり、レース用の車両もここで開発されることになった。このクルマの開発は、他の部署から設計に関わったのはシャシー関係の技術者とデザイナーが各1名だけだった。あとは第7技術部のスタッフだけでやれといわれたが、エンジンの高性能化と新型モデルの開発は、設計や試作や実験の応援がなくてはできないことだ。
　しかし、市販車の開発に影響を及ぼすことは、トヨタの首脳陣が許すはずがな

かった。そこで、ヤマハ発動機が第7技術部と提携することになったのだ。車両の開発はヤマハ社内で行われることになり、第7技術部はここを本拠とした。

ヤマハの強力な協力によりトヨタ2000GTが完成し、レース活動が行われた。高性能エンジンの開発もヤマハのスタッフが担当したものだ。トヨタ2000GTは、レース中はレースに必要な台数しかつくられず、スカイラインのように100台生産し、グランドツーリングカーとしての車両認定を受けなかった。したがって、レースに出場するときにはレーシングカー部門に属するクルマになり、グランドツーリングカーのレースには出場できなかった。

1966年からレース活動を続けた後、トヨタ2000GTは1967年5月から200台ほど限定販売された。238万円と非常に高価なものだった。トヨタは、このクルマの販売で利益を得ようとは考えず、あくまでもイメージアップを図るためだった。DOHCエンジン、四輪独立懸架、四輪ディスクブレーキをはじめとして、贅沢で先進的な機構と装備になっていた。

開発した第7技術部の河野二郎部長から、装備や機構を落としてコストダウンを図り、車両価格の安いトヨタ2000GTの販売が提案されたが、受け入れられなかった。発売されてからのトヨタ2000GTはレースにはいっさい出ていない。ユーザーがレース仕様にして出場するようになったスカイライン2000GTとは対照的だった。レースに対する考え方、および高性能車の扱い方などメーカーの違いが顕著であった。

モーターショーのトヨタ2000GT

■本格レーシングマシンR380の開発

プリンス自動車のレースへの取り組みは、さらにエスカレートしていった。

レースに関わったプリンスの首脳陣と技術者たちは、格の違うクルマが現れてスカイラインGTが勝つチャンスを失ったことがガマンできなかった。同じ土俵の上の勝負をしたかったのだ。

そこで、ポルシェ904に負けないクルマ、つまり純粋なレーシングマシンをつくる決意を固めたのである。市販車の開発の仕事と並行して進めることが原則であるが、これまで経験したことのないスピードの世界に入っていくことになるのだから、そう簡単なことであるはずがない。しかし、新しい挑戦は望むところだった。

このレーシングマシンを新しくつくるプロジェクトが正式に承認されるのは1964年8月のことだが、6月にヨーロッパにいった田中次郎は、レース活動の傍らレーシングカー製作を手がけているイギリスのブラバムカーズから、レーシングカーのフ

レーム（BT-8）を購入していた。頭のなかにはプリンスのレーシングマシン開発の計画があったからである。

　この時代はF1レースでロータスとブラバムが活躍しており、マシンのつくり方は対照的だった。ブラバムは手がたく信頼性を重視してつくるのに対して、ロータスは速く走るために軽量化や先進的な技術を率先して採用していた。ブラバムの行き方のほうがプリンスの人たちの好みに合っていた。基本的なところでは着実に手がたくして、その上で性能を高めるために技術をつかう手法である。

村山テストコースにおけるプリンスR380

　日本でメーカーが本格的なレーシングマシンを開発するのは、もちろん初めてのことである。このプロジェクトの正式なゴーがかけられ、開発がスタートしたのは1964年9月だった。

　設計は桜井真一郎がチーフとなった。

　クラッチ（ボルグ＆ベッグ）、変速機（ヒューランド）、ショックアブソーバー（アームストロング）、ブレーキ（ガーリング）、タイヤ（イギリスダンロップ）など重要なパーツは高性能マシン用の海外の定評のあるメーカーのものを使用し、1号機はブラバム製フレームを流用して開発が進められた。

　当然、エンジンは後車軸より前に置くミッドシップタイプで空力的に優れたものにする。かっこの良さは二の次だから、デザイナーの手を借りずに車体形状を決めて、東京大学にある風洞実験装置を借りて形を整えていった。

　未知の分野に足を踏み入れていくことになるから、桜井たちは海外の文献や部品メーカーの知識を動員し、材料の強度や加工の仕方などを調べ、全体として高度な

レベルでバランスさせるにはどうするかを探っていった。

　高速で走ると、コーナーでは横方向の重力（G）がかかり、ガソリンがタンクのなかで片寄ってガス欠状態になることがある。これを防ぐ方法は、飛行機のノウハウが応用された。宙返りなどに対処した燃料系統に関するノウハウが中島飛行機時代から受け継がれており、タンクや燃料供給システムなどはそれを生かして設計された。

　搭載するエンジンは、田中次郎と一緒にヨーロッパに行ったエンジン設計課長の榊原雄二がチーフとして担当した。参考にロータスとブラバムからF1用のクライマックス製エンジンを購入してきていた。これは1500ccV型8気筒だが、それぞれに手が加えられていた。レース用エンジンを専門的に供給する高度なノウハウを持っていたイギリスのクライマックス社は、手がたい手法で高性能を追求し、この時代はリッター当たり120馬力を目指していた。エンジンの機構はDOHC型・半球形燃焼室であった。

　高性能・高回転の次元がこれまでのエンジンとは異なるもので、本格的レーシングエンジンの開発は、車体同様に未知への挑戦だった。

　性能はリッター当たり100馬力が目標だった。プリンスがこのとき採用したDOHC4バルブエンジンは、今でこそ珍しくないが、当時はレース用の特別なエンジン機構だった。スカイライン2000GTと同じ直列6気筒2000ccにすることに決められた。大事をとってなじんできたウエットライナー式を採用し、シリンダーブロックは鋳鉄製にして、シリンダーヘッドは軽量化と放熱性を考慮してアルミ合金製にした。

　ボア・ストロークは82mm×63mmとボアの大きいものにしている。F1用エンジンにはキャブレターではなく燃料噴射装置が使われ始めていたが、信頼性を考慮してウエーバー式キャブレター3個としている。

　潤滑関係はオイルパンのあるウエットサンプ式が普通だが、オイルタンクを別に設けたドライサンプ式を採用、これはエンジンの位置を低くできるので、本格的レースエンジンに採用されるタイプである。

　完成したエンジンは8000回転まで回して203馬力を発生する性能を示し、目標の性能をクリアした。後にパワーアップが図られ、227馬力、さらには232馬力になっている。最終的には、燃料噴射装置を付けて254馬力を達成している。

　完成されたレーシングカーは、村山のテストコースで試走された。最初にハンドルを握ったのは設計者の桜井であり、その後は走行実験を担当する青地がドライブしている。

　いきなりドライバーを乗せないのは、未知の分野に挑んだクルマなので、予想もできないことが起こる可能性があると、責任をとれる立場のものがまず走らせるべきだと考えたからだ。桜井は、中島飛行機時代のあとの世代であるが、初飛行テストには設計者を同乗させるという飛行機の世界の伝統に則ったのだった。

■R380の完成とスピード記録挑戦

　1965年5月に予定されていた第3回グランプリレースが64年10月に中止すると発表され、当面の目標を失った。これで、仕上げるペースが遅れたものの、R380は1965年7月3日に完成した。

　10月に行われる東京モーターショーに展示される予定にしていたが、そのまえにイベントを開催して花を添えるべきだとして、スピード記録に挑戦することになった。走行テストは村山のコースだけに限られていたので、谷田部にある日本自動車研究所の高速コースを走ることは、高速走行テストにもなった。

　しかし、300kmほど走ったところでサスペンションのトラブルが発生して、R380は転倒して大破してしまった。幸いドライバーの杉田幸

谷田部高速試験場におけるR380の国際記録挑戦のスタート。日の丸を振っているのが中川良一常務

第3回グランプリレースのグリッド。手前2台がR380で、そのとなりがトヨタ2000GT、その右がフェアレディS

第3回日本グランプリレースでポルシェ906を従えて走るプリンスR380

朗は大したけがをしないで済んだが、設計した桜井は大きな衝撃を受けていた。未知の分野に足を踏み入れた意識があったから、できるだけ考えて設計したはずだった。しかし、技術者らしく原因を究明し対策を施すことができた。試練を乗り越えなければ、次の段階へ進めなかったのだ。

　1週間後に再び挑戦したが、今度はトランスミッションがトラブルを起こしてストップ、やはり簡単には完成させてくれないものだ。エンジンも車体も新しく開発した初めての高性能レーシングマシンにトラブルは付きものである。だが目標とした世界記録のいくつかは達成することができたから、世界水準のマシンとしてのポテンシャルを持つことが実証されたといえるだろう。その後は、比較的順調に進み、さらに性能向上が図られた。

■第3回グランプリレースの優勝

　1966年5月の第3回日本グランプリレースは、場所を富士スピードウエイに移して開催された。第2回までの鈴鹿サーキットにおける日本グランプリレースは、国産乗用車のすべてが参加するというプリミティブなものであったが、1年あいだをおいた第3回からはレースを走るのにふさわしいスポーティなクルマのレースとなった。このときからレースがスポーツらしくなったといえる。

　プリンスR380のライバルは、ポルシェ904より性能が上であるポルシェ906だった。同じ2000ccエンジンを搭載するポルシェは、レースを知り尽くしたメーカーのマシンであり、初めてのレーシングマシンで戦うプリンスとはレベルに開きがあっ

たのは当然であろう。

　しかし、出場するポルシェはプライベートチームで、プリンスは4台で出場するメーカーチームである。

　トヨタは2000GT、日産はフェアレディにスペシャルエンジンを搭載したマシンで出場したが、本格的なマシンのポルシェやプリンスR380には太刀打ちできるポテンシャルはなかった。

　雨だった予選では1位はフェアレディSが獲得したが、レースは予想どおりポルシェ対プリンスとなった。プリンスは訓練されたチームプレイで、途中のピットストップの際の燃料補給にも工夫を凝らして短時間で済ませるなど、総合的な戦力で圧倒して優勝を飾った。

　エンジンを191馬力程度まで上げられたスカイライン2000GTも、ツーリングカーレースで優勝している。またしても、プリンス自動車は日本グランプリレースで他のメーカーが追随できない成果をあげたのである。

　プリンス自動車が日産と合併するのは、このレース終了の3か月後の1966年8月のことである。

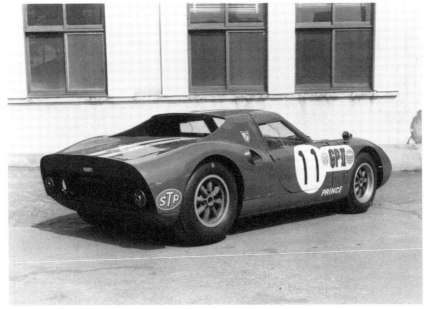

第3回日本グランプリ優勝車のプリンスR380／ドライバーは砂子義一（1966年5月）

第14章 突然の日産との合併

■突然の合併発表に驚き

1965年6月1日に発表された、日産とプリンス自動車が合併するというニュースは大きな話題となった。

両社の合併に関する契約調印は、その前日の5月31日午後3時から東京丸の内にあるパレスホテルで行われた。合併は翌66年8月1日に予定されていた。突然のことで、事前に予測記事がでたり噂にもなったりしていなかった。当のプリンス自動車の多くの従業員たちでさえ、テレビや新聞などの報道で初めてこの事実を知ったほどだった。合併発表の記者会見が行われるまで、用心深く外部に漏れないように計画が進められていたのである。

いわゆる特振法が1964年に廃案になってからも、通産省は、日本の自動車メーカー数が多く、乗用車の車種が多すぎることに不安を抱いていた。そのため、自動車業界の再編成が必要であると、企業間の提携や合併を促進しようとする行政指導の姿勢を崩さなかった。

日産とプリンスの合併も、そうした状況下での出来事だった。乗用車部門で2位と3位のメーカーの合併は、自動車業界のみならず日本の産業史のなかでも大きな出来事だった。

ニュース報道で大きく取り上げられ、合併する理由は国際競争に負けないように

するための大局的な見地に立って、日本の自動車工業が発展するためのものと受け止められた。これがきっかけとなって、さらに自動車業界の再編が進むという観測がなされた。

　合併の話し合いから調印にいたる間は、景気の後退局面に入っているうえに、貿易の自由化の時期が目前（1965年10月）に迫っていたので、自動車の将来を考えて通産省が主導した合併劇とみられた。

　もうひとつの理由は、後にいわれるようになったことだが、プリンス自動車が業績を伸ばしていくにつれて、トヨタや日産からブリヂストンにタイヤの購入で圧力がかかるようになり、石橋が自動車をすててタイヤをとることにしたためというものだった。これは、プリンス自動車の幹部からの発言で、それなりの説得力を持っていた。

■真の合併の理由は何か

　「敗軍の将、兵を語らず」という言葉があるが、石橋正二郎会長は、プリンス自動車が日産に吸収されたことに関して、公式的な声明や挨拶以外に、とくに明快な理由らしきことなどを語っていない。石橋の伝記や回想記などの類にも、プリンス自動車に関する記述は割と少なく、とくに日産との合併に関してはほとんどなにも書かれていない。それだけに、プリンス自動車を手放すことが苦渋に満ちた選択だったことが判る。

　少なくとも、誰にも相談せずに一人で決断したことだけは確かだ。

　プリンスの実質的な経営陣である富士精密や「たま」系の技術者たちには、まったく相談していない。事前に話していたのは、住友銀行出身の小川秀彦プリンス自工社長だけだった。

　石橋は、いつ頃からプリンス自動車の経営から手を引くことを考えるようになったのだろうか。

　察するに、1963年8月に実質的にプリンス自動車の組織のトップ（副社長）にいた新山春雄をプリンス自販の社長に転出する人事を断行したことが、誰にも分からないけれども、石橋の最初のサインだった

合併調印式における左から川又日産社長、石橋プリンス会長、小川プリンス社長

のではないだろうか。その1年近く前に外山保が自販に移動しており、これで旧「た
ま」と旧富士精密の実質的トップの二人がプリンス自動車工業を離れている。

　外山のとき以上に、新山の自販転出という人事は周囲を驚かせた。誰が見ても技術
一筋できた新山が、自動車販売の仕事に向いていないと思っていたからだ。しかし、
新山は一言の文句も言わずに石橋の指示にしたがい、かつて中島飛行機時代にサー
ビスエンジニアとして働いた経験を生かして販売拡張に努力したいと語った。

　このときに、自販社長の小川秀彦（自工副社長兼務）が、団伊能の跡を継いでいた
小松繁に代わって、プリンス自動車工業社長に就任した。密かに石橋がプリンスを
手放す決意をした人事だと思われる。

　プリンス車の販売は低迷していた。村山工場の建設により月産1万台体制を確立
したものの、乗用車の販売はスカイラインとグロリアを合わせて月に7000〜8000台
がやっとで、1964年の景気後退や物品税が改訂されて車両価格に上乗せされた影響
で、販売は伸び悩んでいた。

　グロリアの場合は、セドリックやクラウンと比較すると1台あたりの原価も高く、
販売不振が余計に響いていた。

　この前年のプリンス自工の決算では20億円の黒字となっており、12％の配当をし
ていたから、プリンスの経営が行き詰まっているようには見えなかった。だが実際
には、生産されたクルマをプリンス自販などに出荷したことで、販売されたかどう
かに関係なく、プリンス自工の経理上は売り上げとして計上されたものになってい
た。したがって、必ずしもプリンス自工の経営実態を正確に反映した決算ではな
かった。

　もちろん、通算省の意向やタイヤの販売への影響も考慮したであろう。しかし、
石橋の決心は、それだけではないはずだ。

　グロリアのモデルチェンジに見られる車両開発のあり方やスタイルに対する考え
方の違い、第1回日本グランプリレースの結果により、販売拡張のチャンスを失っ
たことに対する失望、さらに期待されたグロリアの販売の不振などで将来に対する
不安が大きくなったと思われる。

　このとき、石橋は1892年生まれの72歳、自分の目の黒いうちにプリンス自動車の
始末を付けて、まわりの人たちが後々に荷物を背負い込まないようにしておこうと
思ったのであろう。村山工場の建設など大きな設備投資を実施し、トヨタや日産と
肩を並べる自動車メーカーにするべく努力したが、このままではむずかしい局面が
早晩訪れる可能性があると判断したのだと考えられるし、手を打つのが遅くなれ

ば、事態は深刻にな
り、自分だけでなく、
プリンス自動車の人た
ちまで大きな傷を負わ
なくてはならないかも
知れないと思ったので
はないだろうか。

もちろん、プリンス
自動車で働く人たちの

1965年における村山工場全景

身分を保証することが重要な問題だった。そうなると、プリンス自動車をどこかの
メーカーに引き取ってもらうしかなかったことになる。

ブリヂストンが血を分けた我が子とすれば、プリンス自動車は石橋の養女のよう
な存在だった。クルマの好きな石橋は、我が子同様にかわいがったはずだ。しか
し、養女のほうは義理の父親にあまり愛情を注がず、なついてくれず、石橋がいろ
いろと口を出すのを嫌うところがあったように思われる。

■水面下での日産との交渉

石橋がプリンス自動車を手放す決意をして、まず打診したのは東洋工業(マツダ)
である。主要取り引き銀行が同じ住友銀行だったからで、企業の提携や合併は、銀
行が仲介することが当時は一般的であった。

しかし、東洋工業は、プリンスとの合併に消極的な態度を示した。プリンスと東
洋工業は、地理的にも遠く企業の体質も違っていた。

次いで石橋は、トヨタ自動車に打診している。石橋は、トヨタの首脳に単刀直入
にプリンスを引き受けて欲しいと話したという。トヨタは自主性をなによりも尊重
する企業である。マイペースでことが運ばれないことをもっとも嫌う。このときに
もプリンスの経営内容があまり良くないことがわかっており、最初から消極的だっ
た。石橋はトヨタが引き受けてくれるのが最良と考えていたのだろうが、諦めざる
を得なかった。

次いで、日産との合併交渉が始められた。障害となったのは、日産の主要取り引
き銀行が日本興業銀行であり、プリンスが住友銀行であることだった。それを解決
するために、桜内義雄通産大臣に乗り出してもらうことになった。日産とプリンス
の合併という歴史に残る企業再編をまとめることは、政治家として脚光をあびる仕

事であり、通産省自動車課が行政指導している線に沿うことでもあり、大臣の桜内は意欲をもって取り組んだ。

　桜内通産大臣が1965年3月22日に日産の川又克二社長に、プリンス自工との合併について打診した。すぐに桜内通産大臣、石橋プリンス自工会長、川又日産社長の3者会談が行われ、具体的な詰めの作業は、日本興業銀行の中山素平頭取と住友銀行の堀田庄三頭取に依頼された。

　政府や通産省の意向に沿ってプリンス自工を引き受けることは、日産にもメリットがあった。川又社長本人の経営者としての社会的な地位を高める意味もある。また、トヨタとの販売台数の差が開いてきているが、プリンスの分を加えれば、トヨタに桔抗するだけの売り上げを確保できるようになる。さらに、プリンスの工場が加わることは、増産体制を敷くのに都合が良かった。企業の再編のために、自動車業界向けに積み立てられている開発銀行からの資金が日産に融資され、合併にかかる費用の手当ての心配もいらなかった。

　1965年4月の中旬には合併に関して大筋での検討が終わり、合意に達したのは5月中旬だった。細部にわたる取り決めがまとまり、5月29日の夜、桜内通産大臣、川又社長、石橋会長、中山頭取、堀田頭取の5者が集まって最終的な確認をし、合併契約の調印のはこびとなったのだ。

■従業員への合併の説明

　交渉は極秘に進められたので、交渉を知らされていないプリンス自動車の首脳陣にとっても晴天の霹靂だった。第2回グランプリレースの成果の余韻が残っているときである。レースに必死に取り組んでいるときに、密かに交渉が行われていたのだ。

　プリンス自動車工業では、契約が調印された5月31日午後5時から課長以上に天瀬専務が合併の事実を知らせ、6時から労組に対する説明があり、7時から緊急の部長会が開催された。ここで初めて小川社長が経過を説明した。一般の社員は何の説明も受けないまま帰宅していた。翌6月1日は棚卸しで休日になっていたので、多くの従業員はニュースでこの事実を知らされた。

　6月2日に出勤した従業員に対して、小川社長は特別挨拶を行った。その一部を引用してみよう。

　「政府は、この合併が日本の自動車産業の一つのエポックになるものであり、非常に大きな期待を寄せ、そして開銀融資40億円を出そうとしている。そして政府は、企業合同をさらに進めていこうという考え方のようであり、我々は先駆者とし

て、その責任を痛感している次第である」

「わが社の立っている基盤はこんどの企業合同により一層大きなものになった。皆様方が精魂こめて仕事をしていただくことの基盤になるものは、皆様方をはじめ、家族の方たちの生活の保障である。このことは経営者として重大な責任がある。自動車業界は自由化をひかえ一体これがどうなるのか、非常に苦慮してきた。出来るならばプリンス一本でやっていきたいと考え、ようやく1万台強の生産はできるようになった。しかし販売網はなかなかそこまで行かない。この双方を倍にする計画も立てていたのであるが、これに仮りに3カ年なり5カ年を要する。この間に他社は同様のペースで2倍3倍にすることを考えねばならない。さらにそこへ外国資本が入って

1945年から1966年までの四輪車の生産台数
単位：台

年別	乗用車	トラック	バ　ス	合　計
1945	–	1,461	–	1,461
1946	–	14,914	7	14,921
1947	110	11,106	104	11,320
1948	381	19,211	775	20,367
1949	1,070	25,560	2,070	28,700
1950	1,594	26,501	3,502	31,597
1951	3,611	30,817	4,062	38,490
1952	4,837	29,960	4,169	38,966
1953	8,789	36,147	4,842	49,778
1954	14,472	49,852	5,749	70,073
1955	20,268	43,857	4,807	68,932
1956	32,056	72,958	6,052	111,066
1957	47,121	126,820	8,036	181,977
1958	50,643	130,066	7,594	188,303
1959	78,598	177,485	6,731	262,814
1960	165,094	308,020	8,437	481,551
1961	249,508	553,390	10,981	813,879
1962	268,784	710,716	11,206	990,706
1963	407,830	862,781	12,920	1,283,531
1964	579,660	1,109,142	13,673	1,702,475
1965	696,176	1,160,090	19,348	1,875,614
1966	877,656	1,387,858	20,885	2,286,399

プリンス自動車と主要メーカーとの生産台数比較

年	トヨタ			日　産			プリンス			東洋工業		
	乗用車	トラック他	合　計	乗用車	トラック他	合　計	乗用車	トラック	合　計	乗用車	トラック	合　計
1952	1,857	12,249	14,106	2,376	11,586	13,962	93	323	416	–	12	12
1953	3,572	12,924	16,496	3,049	11,544	14,593	381	1,653	2,034	–	0	0
1954	4,235	18,478	22,713	4,650	15,173	19,823	733	2,907	3,640	–	24	24
1955	7,403	15,383	22,786	6,597	15,170	21,767	1,238	4,250	5,488	–	23	23
1956	12,001	34,416	46,417	12,965	20,547	33,512	1,295	6,276	7,571	–	0	0
1957	19,885	59,642	79,527	18,786	40,154	58,940	2,007	8,582	10,589	–	0	0
1958	21,224	57,632	78,856	16,878	37,962	54,840	4,957	8,808	13,765	–	3,716	3,716
1959	30,235	70,959	101,194	26,753	51,069	77,822	6,769	13,055	19,824	–	12,825	12,825
1960	42,118	112,652	154,770	55,049	60,416	115,465	10,928	19,768	30,696	–	19,725	19,725
1961	73,830	137,107	210,937	76,667	89,070	165,737	14,038	24,868	38,906	–	26,128	26,128
1962	74,515	155,835	230,350	89,003	123,255	212,258	12,944	28,648	41,592	1,206	37,619	38,825
1963	128,843	189,652	318,495	118,558	149,757	268,315	29,280	24,476	53,756	6,331	48,143	54,474
1964	181,738	244,026	425,764	168,674	179,563	348,237	43,605	40,614	84,219	15,426	91,440	106,866
1965	236,151	241,492	477,643	169,815	175,350	345,165	47,018	42,834	89,852	43,684	112,904	156,588
1966	316,189	271,350	587,539	231,508	240,090	471,598				50,154	126,063	176,217

注・東洋工業の生産台数はプリンス自動車との比較のために軽自動車及びオート三輪車を除外したものになっている。

1965年におけるプリンス自動車の市販車群

くることになると、その場合に私は皆様への要請にこたえ得られるかどうか、あれこれ苦慮してきた。

皆様方のプリンスに対する断ちがたい愛情はよくわかる。しかしプリンスの名は残る。自由化を控え、日本の自動車産業が世界に乗り出すということのためにやむを得ない事態であり、前途は洋々たるものがある。同じ前向きの方向でこの話が出来上がったことについて，十分ご諒承を得て、いっそう仕事に打ち込んでご精進あらんことをくれぐれもお願いしたい」

当然のことながら、新山や外山など従業員と苦楽をともにしてきた経営者とは、ニュアンスが違う発言のように思われる。

■合併の成立までの経緯

合併が発表されてからプリンス車の売れ行きは落ち込みが目立つようになった。

自動車の販売最前線は、弱肉強食の世界である。プリンス自動車販売がまだ弱体であることもあって、トヨタのセールスマンはチャンスとばかりに「すぐに消えてなくなる会社のクルマを買っても充分なサービスが受けられない」と顧客を説得して、プリンス車からトヨタ車に乗り換えさせるシーンが見られた。

日産は、合併の調印後にプリンスの経営状態をつかむために岩越副社長を現職のままプリンス自工の副社長に送り込んだ。

契約調印時には、日産とプリンスの合併比率は2対1が妥当ということで銀行間で意見が一致したが、実際の合併の直前になって、プリンス自工の経営状態が予想以上に悪いことを理由に、川又社長は3対1でなくてはだめだと主張した。最終的には2.5対1という比率で話し合いがついた。大銀行が仲介した例で、直前に合併比率が変更になるのはあまり例がなかった。したたかな川又日産社長が、自分の会社の利益のために豪腕を発揮したのである。

1966年4月21日にプリンスの石橋会長と日産の川又社長が合併契約書に調印して、

この年の8月1日に合併することが正式に決まった。プリンス自工は解散し、日産自動車が存続することになった。

契約書には「わが国自動車産業の国際競争力強化と企業の飛躍的発展をはかるため」と合併の目的が記されている。プリンスの車名を永久に残し、その発展を図ることが織り込まれており、両社の従業員の融和を図り、差別をしないこと、代理店や協力工場に対して配慮することなどがうたわれている。石橋が、車名からプリンスの文字が消えないように強く要望したので、それが契約書に盛り込まれた。

■合併後の組織と活動

合併して人的な交流が図られたが、プリンスの車両開発や工場などの従業員は、従来と変わらない体制、つまりプリンス事業部として日産とは別組織でクルマの開発や生産などを続けることになった。GMが得意とする事業部制と同じやり方で、プリンス系のクルマは、プリンス自販を通じて販売することになった。荻窪にあるプリンスの設計や実験などの開発部門は、とくに合併による異動はなく、それまでと同じような活動が保証された。しかし、合理化のために部品の共用などが図られることになって、それぞれのクルマの開発担当者レベルの話し合いがもたれ、開発の方向に対する影響は決して少なくなかった。

日産とプリンスの合併を伝える広告

石橋は、合併後に相談役に就任しているが、実質的には自動車から身を引いた。プリンス系では小川社長が副社長となり、このとき専務になっていた中川が常務となり、そのほかの役員も、プリンス時代より一階級ずつ下の役職についた。

日産は、元から官僚的なところがあり、大学卒と高校卒では身分差が歴然としていた。職人を大事にした伝統を受け継いだプリンス自動車は、本人の学歴よりも実力を優先していた。日産では、役職で相手を呼んでいたが、プリンス自動車では役職を越えて名前で呼ぶ風習があった。企業風土の違いである。

この大型合併によって、トヨタと日産はますます群を抜いた存在となった。

第15章 1960年代に誕生したニッサン・プリンス車

■合併前の開発部門の組織変更

　ここで、以下に合併前後のプリンス自動車が開発したクルマと、合併の影響を受けて登場した1960年代までのクルマを中心に紹介する。

　その前に合併前のプリンス自工の開発部門の組織についてみてみたい。

　1963年9月に車両の開発部門は大幅な変更があった。設計部と実験部と大きく分かれていた組織から、エンジンを担当する動力機構部と乗用車部とトラック部と、クルマの業務内容による組織となり、それぞれに設計と実験が所属することになった。連携を密にしなくてはならない設計と実験に組織の壁が生じたことに対する反省であった。

　車両開発のまとめ役である主査という役職がなくなり、この役割は車両設計課の技術者が担当することになった。

　このとき、日村はトラック部長に転身している。乗用車部長は田中次郎で、動力機構部長は岡本和理である。また、技術管理部長は田中孝一郎、研究所長は戸田康明で、これらを統括する技術本部長は中川良一だった。

　さらに、1965年6月には、動力機構部は変わらないが、乗用車部とトラック部がひとつになって第1技術部になった。第2技術部は、研究所のなかの自動車関連部門が独立したもので、基礎的な研究をする。研究所のなかにあった宇宙航空関係の部署が宇宙航空部として独立した。多分に日産との合併を意識した改変である。

■ニッサン・プリンス・ロイヤルの開発

　開発は合併の前に進んでいたものが、宮内庁に納入されたときには合併後になったので、本来のプリンス・ロイヤルの前にニッサンが付けられた。

　試作車を除くと6台しかつくられなかったが、プリンス自動車の技術の集大成であり、そのレベルを示すクルマとして興味深いものだ。

　もともとプリンスというネーミングにしたことが機縁となって、当時の皇太子に献上されたりして皇室との関係がもっとも深いメーカーであった。偶然に東宮侍従長をしていた松本城主の子孫だった戸田康英子爵の弟である戸田康明が中島飛行機時代からの技術者としてプリンス自動車の幹部として働いており、クルマに興味を持つ皇太子の話し相手になるなどしていた。

　天皇の御料車はメルセデス・ベンツであったが、老朽化が進み、部品の入手も次第にむずかしくなっていたので、日本の自動車技術が進んできたことから、自動車工業会に御料車の製造が依頼された。これに応じてプリンス自動車がつくることになったのである。

　開発担当チーフとして1961年から経験を積んできた増田忠が指名された。レース監督となった青地康雄などとともに住之江製作所からプリンス自動車に入社した新しい世代である。バイオリンの演奏では当代一流の名手に師事して玄人はだしの慶応ボーイで、ものづくりに関しても職人的技法と芸術的センスを持ち合わせていた。最初はトラックの開発を手がけていたが、こうした高級車の開発には二人とい

プリンスで開発されたニッサン・プリンス・ロイヤル

プリンス・ロイヤルのドライバー席

プリンス・ロイヤルの補助席及びリアシート

ない技術者だった。

　1965年9月から御料車の開発が始められた。メルセデス・ベンツやロールスロイスに負けない高級車にしようと張り切った。仕様の決定に当たっては、宮内庁の担当する車馬課と打ち合わせて、どのような使われかたをするか調査することから始められた。

　デザインは華美になるのを避けてシンプルで品格のあるもので、車両全体として採用する技術も含めて海外の高級車とは異なる和風木造建築を思わせるものにすることになった。

　安全で確実に走行できることが何よりも重要なことだった。そのために、充分に実績のある技術を選択して、技術的な挑戦は避けられた。

　室内は運転席と後席に仕切りがあり、後部に侍従や女官が座る折り畳みの椅子を設けるので、普通の乗用車の1.5倍の広さが必要であり、正装時には冠を付けることもあるので高さも確保しなくてはならない。これらを加味すると、全長は6.3m、全高1.8m、全幅2.1mと大型になった。オートマチックトランスミッションはアメリカ

プリンス・ロイヤル用V型8気筒エンジンの主要諸元

型　式	ボア×ストローク (mm)	配列・気筒数	排気量 (cc)	バルブ配置	圧縮比	出力 (ps/rpm)	トルク (kgm/rpm)	発表時期
W64	105×92	V型8気筒	6,373	OHV	9.0	260/4.000	52/2.400	1966

プリンス・ロイヤル及び初代チェリーの主要諸元

発表時期	車名	全長 (mm)	全幅 (mm)	ホイールベース (mm)	乗車定員 (人)	車両重量 (kg)	最高速度 (km/h)	搭載エンジン 型式
1967年 2月	プリンス・ロイヤル A70	6300	2100	3900	8	—	—	W64
1970年 9月	チェリー E10	3660	1490	2335	5	670	140	A10

のGM製であるが、後はすべて国産である。

　機構的には、はしご型とX型を組み合わせたフレームにして、サスペンション
は、フロントがダブルウイッシュボーン、リアがリーフスプリングのリジッドアク
スル式という手がたい機構を優先したものになった。ステアリングはリサーキュ
レーティング・ボール式のパワーステアリングである。シャシー関係各部のジョイ
ントやベアリングは無給油にせずに従来通りの目で確認するグリスニップル式の給
油方式を採用したのは、クルマのメンテナンスを定期的にきちんとできる体制があ
ることを考慮してのことだ。

　エンジンも時速4〜8kmの超低速で1時間以上も走ることがあるかと思えば、高速
で走ることがあり、加速性能も良くなくてはならないことを考慮して開発された。
総重量は3000kgを超え、普通の乗用車の2倍以上に達するものになった。

　トラブルが出ないように万全が期された。ブレーキ系統は二重にして、ひとつが
うまく作動しなくなっても効きに変化がないように配慮され、電気系統は配線や端
子やスイッチ類の接点などレベルの高いものを使用、バッテリーもメインとサブの
二つとしている。燃料系統は4個の電磁ポンプをもつ圧送循環式にして燃料がとぎ
れる恐れをなくしている。

　この時代は、製品のバラツキはかなり大きかったので、トラブルの解消にはそう
とう気を遣う必要があった。

　エンジンは、まったくの特別仕様であ
る。パレードなどの際には超低速で長時
間走ることがあり、オーバーヒートしな
いようにしながら、高速性能も具備して
いなくてはならない。大トルクで余裕が
ある性能のものが要求された。信頼性を
第一に、静粛性の確保、保守点検が容易
であること、回転ムラがなく安定した低
速性能を発揮することなどが基本だっ
た。ウエットライナー式にしたOHV型
6400ccの大排気量のV型8気筒である。こ
のころにはカリフォルニアで自動車の排
気による公害問題の対策が行われ始めて
おり、日本では規制されていなかった

宮城(皇居)をバックにしたプリンス・ロイヤル

が、マフラーに酸化触媒を取り付けている。

　試作車が完成したのは1966年7月、ふつうの走行テストに加えて発進や停止、幅寄せ、先導車付きでの走行など、御料車として使用するときの走り方を加えてテストが繰り返された。

　御料車としての品格を保った走行を続けるには、微妙なテクニックもあるようだった。太鼓橋をわたることもあり、鉄道で運ばれることも想定するなど、あらゆる場面で問題が出ないように周到に仕上げられていった。高速道路での連続走行や寒冷地の走行テストなども入念に実施された。こうしたテストでは、異なる仕様の部品を使用して、データの良いほうを採用するなど玉成の努力が続けられた。

　1967年2月に第1号車が宮内庁に納入され、その後、全部で6台納入されている。それからメンテナンスが行き届いていたこともあって、30年以上にわたって使用され続けた。

　プリンス自動車の技術レベルの高さを示すものである。なお、この後、増田忠が中心になって開発が進められたのが、日産で最初のフロントエンジン・フロントドライブのチェリーである。これは、かつての国民車構想に基づくプリンス自動車のクルマの開発でのノウハウが生かされたものでもあった。

■合併により変わったグロリアの運命

　3代目となるグロリアA30型の開発は、2代目が登場してからすぐに始められたが、1965年に合併が決まったことによって大きな影響を受けた。

　設計のチーフは、日村がトラック部長に転出して、浜松からきた技術者の大村敏夫が担当することになった。

　この3代目グロリアの企画がスタートした1962年秋に、プリンス自工と自販の合同の「企画委員会」が発足した。車両企画は、開発部門が独自に進めるのではなく、ユーザーの意見を汲み上げて開発に反映させる用にするための委員会であった。自工・自販の部長6名によって構成され、プリンス自動車全体としての商品企画を立て、開発から生産、さらには販売までトータルに計画を立てようというものだった。グロリアは、その趣旨に添って開発が始められた最初のクルマだったが、皮肉なことに、企画委員会も日産との合併で見直されることになった。

　この企画委員会の意向を反映したのか、機構的には、旧モデルより手がたいものになっている。

　リアサスペンションをリーフスプリングを使用したリジッドアクスルタイプにも

プリンス最後の開発となった3代目グロリアA30型

どして無難な機構にしている。一歩進めたのは、トレー式フレームからモノコック構造になったこと。これで、この時代の乗用車としてはごくコンベンショナルな機構になった。丹精こめて開発されたが、合併の影響を受けて影のうすい存在とならざるを得なかった。スタイルは直線を基調にして、フロントグリルに縦目の4灯式ヘッドライトを埋め込んでいて、プリンス・ロイヤルと共通のイメージがある。

　エンジンは、4気筒仕様車ではニッサンH20型が搭載されている。これは1960年に日産が自主開発した直列4気筒1500ccエンジンのボアを拡大して2000ccにしたもので、最新鋭のエンジンとはいえなかった。日産の開発したエンジンに席を譲ることになったのだ。

　同じクラスのエンジンを何種類もつくるのは効率が良くないので、生産設備が整備されている日産エンジンが優先されることになったグロリアは1967年4月に発売、6気筒エンジンを搭載するスーパー6は、4気筒エンジン搭載車の発売の6月後の10月に出ている。

　その後、セドリックが1971年2月にモデルチェンジされたのにともなって、グロリアは名前だけ残して、実質的にはセドリックに統合された。スタイルのごく一部を

グロリアA30型の主要諸元

発表時期	車名	全長(mm)	全幅(mm)	ホイールベース(mm)	乗車定員(人)	車両重量(kg)	最高速度(km/h)	搭載エンジン型式
1967年 4月	グロリア　A30	4690	1695	2690	6	1175	135	H20
1967年10月	グロリアスーパー6　PA30	↑	↑	↑	↑	1275	160	G7

変えた同型がグロリアとしてプリンスチャンネルで販売されることになった。もちろん、開発はプリンスの手を離れた。

■プリンスの新しいG型エンジンの完成とローレル

　グロリアに代わって、日産からプリンスのほうに移ってきたのがローレルである。グロリアを日産の工場で生産することになったから、余裕ができた村山の工場で生産されることになったためである。

　本来なら、ローレルは日産で最初の四輪独立懸架を採用したクルマになるはずだった。しかし、販売の中心となるブルーバードを優先させて、急遽ローレルより先に1967年にモデルチェンジされた510型が日産最初の四輪独立懸架車となった。1964年に発売されたピニン・ファリーナによるデザインの2代目ブルーバード410型の販売不振を挽回するためだった。

　初代ローレルには当初、エンジンは日産で開発した直列4気筒OHCのL16型1600ccエンジンが搭載される計画だったが、村山工場で生産されることになり、プリンスが開発したばかりの同じく直列4気筒OHCのG型エンジンとどちらにするか検討された。

　日産に吸収合併される前から開発していたG15型エンジンは、従来通りプリンス系の部門で進められた。デビューは1967年8月で、マイナーチェンジされたスカイライン1500に搭載された。企画は早くから立てられ、1964年には試作エンジンが完成していたが、レーシングカーのR380用エンジンの開発が優先されて完成が遅れたものだ。

　信頼性が高く性能も良かったFG4A型の後継エンジンとして、新しいG15型は1500ccクラスで国際的に最高水準のものにする目標で開発された。時代に先駆けた機構を採用して性能の向上と信頼性や経済性の確保をめざしたのである。OHC型にするのはもちろん、燃焼室形状を多球形型してバルブをV型に配置し、吸排気ポートはクロスフロー式と先進的なものだった。シリンダー

村山工場で生産されたニッサン・ローレル

プリンス新世代直列4気筒G型エンジンシリーズ主要諸元

型　式	ボア×ストローク (mm)	配列・気筒数	排気量 (cc)	バルブ配置	圧縮比	出力 (ps/rpm)	トルク (kgm/rpm)	発表時期
G-12	78×52	直列4気筒	994	SOHC	9.0	65	8.0	1964
G-15	82×70.2	〃	1,483	〃	8.5	88/6,000	12.2/3,600	1967
G-16	85×70.2	〃	1,593	〃	8.5	95/6,000	13.2/3,600	1972
G-18	85×80	〃	1,815	〃	8.3	100/5,600	15.0/3,600	1968
G-20	89×80	〃	1,990	〃	8.3	110/5,600	16.5/3,200	1970

ヘッドはアルミ合金製を採用している。

　企画の段階では、カムシャフトを2本にするDOHCのシリンダーヘッドも考慮されたが、シリンダーヘッドが複雑になりコスト高を招くうえに、そこまでしなくとも性能は確保できるとしてシングルOHCになったという。シリンダーブロックは鋳鉄製のウエットライナー式で、ディープスカートタイプ、クランクシャフトは5ベアリングと剛性を上げ、振動を抑えている。カム駆動はチェーンにより1段がけである。

　機構的に高出力化が可能だったので、エンジンの仕様を決める際には、低中速領域を優先したという。エンジン寸法は全長600mm、全幅625mm、全高695mm、整備重量133kgとなっている。世の中に出るのが遅れたとはいえ、1967年の時点でも、総合的な性能ではトップレベルのものだった。

　1968年4月に誕生したローレルには1800ccに拡大したG18型が載せられた。

　しかし、日産との合併による効果を上げるためには生産コストを大幅に削減する必要があるということで、1970年代に入ってからは、プリンス系のG型エンジンシリーズは生産されなくなり、日産になってからのプリンス車もL型シリーズに統一される。日産ではすでにL型用の生産設備を完備していたことと排気対策によるエンジンの統合が、G型エンジンが姿を消すことになった理由だった。

　プリンス自動車の技術の粋を結集して優れたエンジンになっており、国産自動車エンジンとして群を抜いた技術レベルのものになっていただけに、G型エンジンが生産されなくなったのは惜しまれる。実用化まで時間をかけすぎたのが裏目に出たことになる。

■新型となるスカイライン2000GTの登場

　プリンスオリジナルで、その後も注目される存在となったのはスカイラインだけとなった。

　3代目となるスカイラインの開発チーフは桜井真一郎になった。プリンスR380の開発や改良を進めながらのことである。日産との合併により、車両開発に関して日産

の技術陣との打ち合わせも
しなくてはならなかった。

　シャシー設計一筋の桜井
は、3代目のスカイライン
は四輪独立懸架方式を採用
する決意を固めていた。ま
だ、トヨタや日産が採用し
ていない先進的な機構であ
る。ところが、日産との最
初の打ち合わせで、1967年

ニッサンL20型エンジン搭載のスカイライン2000GT

8月に登場する予定の新型ブルーバードも同じサスペンションにする計画であるこ
とが分かった。フロントがストラット式、リアがセミトレーリング式と、仕様まで
同じだった。

　日産では、ブルーバードはもっと手がたい機構のサスペンションでいくつもりで
設計が始まっていたのだが、トヨタ・コロナがリアサスペンションは依然としてリ
ジッド式アクスルのままだったので、技術的に差を付けようとしたのだ。

　合併前から始まっていたプリンス自動車と日産の打ち合わせは、合併後に生産さ
れるクルマに関して、部品の共用化を図って全体としてコストを下げることが狙い
だった。

　この打ち合わせで桜井が衝撃を受けたのは、予定していた直列6気筒G7型エンジ
ンを使用することが許されず、日産の同じく直列6気筒OHCのL型エンジンにしなく
てはならないことだった。同じようなエンジンを別々につくるのは不経済であるこ
とは判るが、愛着のあるプリンスのエンジンを搭載できないのはつらいことだっ
た。早くも合併が将来にわたって厳しい試練になることが予想されたのだ。吸収さ
れる側のつらいところである。日産が新型エンジンのための設備投資をしたばかり
だったから、どうすることもできなかったのだ。

3代目スカイラインシリーズの主要諸元

発表時期	車名	全長 (mm)	全幅 (mm)	ホイールベース (mm)	乗車定員 (人)	車両重量 (kg)	最高速度 (km/h)	搭載エンジン 型式
1968年 7月	スカイライン1500デラックス C10	4235	1595	2490	5	960	160	G15
1968年10月	スカイライン2000GT　GC10	4430	↑	2640	↑	1090	170	L20
1969年 2月	スカイライン2000GT-R　PGC10	4395	1610	↑	↑	1120	200	S20
1969年 8月	スカイライン1800　PC10	4235	1595	2490	↑	965	165	G18

　しかし、同じ機構だったとしても、また日産のエンジンを使用するにしても、クルマの最終的な出来が勝負だと、細部にわたる味付けなどトータル性能でプリンス自動車らしさを見せようと張り切った。とくにサスペンションとボディの結合部に使用するラバーブッシュの使い方は微妙なところがあり、設計と実験の息があって走りの味を決めるものだ。単に技術以上のクルマに対する理解度や扱い方がものをいうから、どこにも負けないものにする自信があった。

　日産の四輪独立懸架車は、スカイラインよりブルーバードが先に発売されることになったが、発売されたブルーバードにはラバーブッシュのトラブルが出たのに対して、スカイラインは快調な走りを見せた。また、リアを独立懸架方式にしたことによりドライブシャフトにボールスプラインを使用する必要があり、2代目グロリアで実用化したものがブルーバードにも使われることになった。

■すべてが特別だったスカイライン2000GT-R

　特別に触れなくてはならないのはスカイライン2000GT-Rのことである。2000GTがかつてのレースから生まれたクルマの後継であったが、ポピュラー化されてスポーティさは薄められた。スカイラインの販売の中心にするためであった。

　それを埋めてあまりあるGT-Rが企画された。エンジンはR380に搭載されたDOHC4バルブ2000ccの直列6気筒の高性能エンジンと同じ機構で、国産車としては

DOHC4バルブのS20型エンジンを搭載したスカイライン2000GT-R

スカイライン2000GT-Rのコクピット

160馬力を誇る直列6気筒DOHC1989ccS20型エンジン

S型エンジン主要諸元

型　式	ボア×ストローク (mm)	配列・気筒数	排気量 (cc)	バルブ配置	圧縮比	出力 (ps/rpm)	トルク (kgm/rpm)	発表時期
S20	82×62.8	直列6気筒	1,989	DOHC4バルブ	9.5	160/7,000	18.0/5,600	1969
〃(レース仕様)	82×62.8	〃	〃	〃	—	240/8,400	21.4/6,800	1970

これまでにない強力なものだった。国産車もここまできたかと思わせる高性能振りだった。

　日産では、ここまでの高性能エンジンを開発した経験がなかったから、トヨタに対抗するために有効であり、また、プリンスを含めた日産のイメージアップのために貢献した。

　トヨタは、スポーツタイプ車でも走りを優先するというより実用車と多くのパーツを共用してコストを抑えて、リーズナブルな価格にして発売する。ムード的なかっこよさを前面に出す高性能である。

　対照的にスカイラインGT-Rは、妥協せずに高性能を追求し、あくまでも特別であることを強調する。日産と合併しても、その姿は変わらなかった。いや、スカイラインしかそれができなかったというべきかもしれない。

　主流の直列4気筒エンジンのバルブ数は8個であるのに対して、6気筒のS20型は24個のバルブが装備されていたのだ。高性能・高回転を誇ることと引き替えに、その性能を維持するためのメンテナンスや調整などは大変だった。その努力を惜しまないマニアを相手にしたものだった。スカイラインGT-Rは、プリンス自動車のひとつ

の技術的到達点であり、プリンスのクルマづくりの自己主張でもあった。

■1967年はニッサンR380で惜敗

この章の締めくくりとして、1967～69年までの日本グランプリレースのことに触れることにしたい。

1967年5月の第4回日本グランプリレースに出場したR380は、プリンスR380ではなくニッサンR380という名称になった。レーシングマシンは常に性能向上が図られるもので、これまでどおりプリンスの技術陣があたった。

違うのは日産の契約していた高橋国光や北野元などのドライバーがハンドルを握ることになったことだ。日本を代表し、国際的なレベルのテクニックをもっていたから、チーム力は大きく向上した。

しかし、67年にグランプリには3台のポルシェ906が出場し、R380との争いとなった。プリンスを離れてヨーロッパにレース修行にいった生沢徹のポルシェ906と高橋のR380の激しいトップ争いが演じられた。そのなかで、生沢のスピンを避けようとした高橋もスピン、生沢のポルシェはすぐに走り始めたものの、勝負は高橋のR380が再走行に手間取ったことで決まった。互角の勝負だったが、運が生沢に味方した。

このレースで、プリンスの技術陣が学んだのは、

第4回グランプリレースで2位となったニッサンR380

改良されてスタイルも一新された最終仕様のニッサンR380

R380シリーズの主要諸元

発表時期	車名		全長 (mm)	全幅 (mm)	ホイールベース (mm)	車両重量 (kg)	搭載エンジン 型式
1965年10月	R380	R380A-1	3930	1580	2360	657	GR8
1966年 5月	R380-I	R380-I	↑	↑	↑	660	↑
1967年10月	R380-II	R380-II	3980	1685	↑	620	↑

レースで勝つためにはスタート前に性能で圧倒していなくてはならないということだった。

それまでも、プリンスにとってレースは技術の格闘技ととらえているところがあったが、この互角の勝負で負けたことにより、それを強く意識して取り組むようになったといえるだろう。それがレースの正しいとらえ方かどうかは議論があるだろうが、プリンス自動車にはほかの選択はなかったのだ。

なお、もし日産との合併がなかったら、プリンス自動車では開発したR380をベースにした超高性能車を市販することを検討したに違いない。あるいは、フェラーリをライバル視したクルマづくりをしていたかも知れない。

■5リッターのR381の開発とレース

翌1968年のグランプリレースでは、トヨタがいよいよ本格的なレーシングマシンを開発して出場してきた。前年のレースを欠場したトヨタは、2000GTに代わる3000cc高性能エンジンを搭載し、2000ccのR380を上まわるマシンにしてきた。この時代のスポーツカーは3000ccが国際的にひとつの基準になっていたが、日本グランプリは特別なルールでエンジン排気量の上限は設定されていなかった。

プリンス自動車は、大排気量エンジンを自社開発していたのでは間に合わないと、アメリカのエンジンチューニングメーカーであるムーン社からシボレー5000ccV8型気筒エンジンを購入、新しく開発したマシンに搭載することにしたのである。ところが、このレース用に高性能化されているエンジンは、走り出すとすぐにトラブルが出るという難物だった。エンジン関係の技術者は新たにエンジンを開発するよう

第5回グランプリレースに優勝した北野元のドライブするニッサンR381

な苦労をしながら何とか走れるエンジンに仕上げていた。

このニッサンR381は、分割式可変ウイングが付けられたことで知られている。

エンジンパワーが大きく上がった割には走行タイムが伸びない原因を追及した結果、タ

トヨタ7とポルシェ910を従えて走るR381

イヤに有効に駆動力が伝わっていないことを突き止めたのである。今では、空力性能で重要なダウンフォースについては常識になっているが、当時はまだよく知られていなかった。その重要性を認識して左右コーナーで、それぞれで効果的になるように分割されたウイングを装着した。

1965年からF1でもエンジンが1500ccから3000ccにアップしたことによってパワーの向上を生かすためにウイングを取り付けるマシンが現れるようになってきたところだった。R381のウイングが、呼吸しているようにコーナーで動くのは何とも華麗で見る者を魅了した。

1968年のグランプリレースでは、ライバルと目されたトヨタ7は、R381の敵ではなく、さらに性能を上げたポルシェの最新鋭2000cc910のほうが戦闘力があったほどだった。このレースの勝利は、当初のプリンスチームの計画よりはるかに際どいものであったが、結果としては2位以下を大きく引き離して北野元のドライブで優勝した。技術の勝利であった。

■ニッサンR382でまたもグランプリレースに優勝

翌1969年は、トヨタも3000ccから5000ccにエンジンの戦闘力を大幅に向上させてきた。しかも、この5000ccエンジンは当時のもっとも進んだV型8気筒の高性能エンジンであるコスワースDFVを手本に開発されていたから、軽量でパワーのあるエンジンに仕上げられていた。

プリンスのほうは、V型12気筒を新しく開発した。レーシングエンジンの究極の姿のひとつがV12であると、昔から中川が考えていたものが実現することになっ

た。直列6気筒エンジンをV型に組み合わせたもので、エンジンのバランスがもっと
もとれたレイアウトである。プリンスらしく確実に機能することを前提に開発した
のでパワーとトルクがあるが、重くて大きいエンジンとなった。最初は前年使用し
たR381に搭載してテストが重ねられた。

　プリンスチームはリアウイングの使用が禁止されたことにともない、ボディ形状
でダウンフォースを発生させるスタイルのR382を開発した。重いエンジンなので車
体に大きな負担がかかってテスト走行ではトラブルが出たが、設計する桜井たちの
頑張りで克服した。

　トラブルで先に進めなくなったときの、いかにもプリンス自動車らしいエピソー
ドがある。サーキット走行で、R382のショックアブソーバーがすぐにへたってし
まって、数周しかできなくなったときのことである。原因がなかなかつかめない桜
井は、自信をなくしそうになった。上司である田中孝一郎に相談したところ「おま
えができないということは、会社ができないということなんだ」といわれた。これ
に発奮し、やがてひらめくように原因を思いつき解決したという。

　この後は、開発は順調に進んだ。さらに、勝利を確実なものにするために、エン
トリー段階では5000ccだったエンジンをレースの直前に6000ccにアップさせて戦闘
力を向上させた。

第6回グランプリレースに優勝した黒沢元治のニッサンR382

ニッサンR381及び382の主要諸元

発表時期	車名	全長 (mm)	全幅 (mm)	ホイールベース (mm)	車両重量 (kg)	搭載エンジン 型式
1968年 5月	R381 I	4411	1790	2470	855	シボレーV8
1968年 7月	R381 II	↑	↑	↑	―	GRX, V12
1969年10月	R382	4045	1870	2400	770	↑

この第6回グランプリレースで
も、プリンスチームはトヨタに圧
勝した。プライベートチームから
当時の世界最新鋭・最速だった
5000ccのポルシェ917も出場した
が、富士スピードウェイではその
本領を発揮できず、R382の敵では
なかった。

もし5000ccのトヨタ7が、シャ
シー性能や空力的にもう少し優れ
たものになっていたら、あるいは
苦戦したかもしれない。レース
は、外部からは楽勝に見えても、

R382にトヨタ7とポルシェ917がつづく

当事者にとってはハラハラ・ドキドキの連続なのである。

相次ぐ敗北に、トヨタの首脳はエース級の車両開発を担当していた若手の技術者
をレース部門の第7技術部に送り込んだ。それまでより多くの資金と協力を得て開
発されたのが、1970年グランプリレース用のターボチャージャー付きの5000cc800馬
力エンジンを搭載するトヨタ7だった。見ただけで、それまでのトヨタ7と異なるポ

テンシャルの高いマシンだった。
しかし、このマシンがサーキット
でレースを戦うことはなかった。

1970年のグランプリレースに日
産は、排気問題への取り組みのた
めに出場しないと発表、トヨタも
これに追随しなくてはならなかっ
たからだ。

あるいは、プリンスが独自にレー
スに参加する権限を持って判断して
いたら、開発中のR383で、この
ターボエンジンのトヨタ7と戦って
いたかもしれない。しかし、プリ
ンスは日産のなかのひとつの事業

ニッサンR382に搭載されたV型12気筒エンジン

ツーリングカーレースで連戦連勝したスカイライン2000GT-R

所になっていたのだ。

　これにより、1964年から始まったプリンスチームによる一連のレース活動は終止符が打たれた。日本のメーカーによるレース活動のなでもっとも華やかで、関心を集め、レースのなかで広く技術を進化させ、それを市販車に生かした例は、この時代のプリンスの活動以外には見られない。

　1969年にデビューしたスカイラインGT-Rによるレース活動が、その後も続けられたが、これは他のメーカー同様にレースを担当する部署による活動だった。

　その指揮を執ったのは青地康雄である。GT-Rはレースで50連勝を飾り、スカイラインの名をさらに高めたのだった。しかし、このGT-Rも、1970年代に排気対策が始められると、姿を消してしまった。

プリンス自動車年表

暦年	プリンス自動車		一般（自動車業界、経済・社会）	
1945	8月	中島飛行機、富士産業に改称（→P.51）	9月	GHQがトラック製造許可
	9月	立川飛行機、自動車メーカーへ転換検討	11月	日産が戦後第1号トラックを発表
1946	3月	立川飛行機、米占領軍に自動車産業への転換申請（→P.16）	7月	各社三輪トラック生産開始
	5月	富士産業漁船用エンジン「栄光」完成（→P.43）		
	11月	立川飛行機が電気自動車を試作（→P.18）		
	12月	立川飛行機を離れ自動車部門府中に引越し（→P.20）		
1947	4月	トラック（EOT-47）完成（→P.22）	5月	トヨタが生産累計10万台を達成
	5月	乗用車たま（E4S-47）1号車完成	6月	GHQが乗用車製造許可（1500cc以下）
	6月	東京電気自動車として独立（→P.20）	10月	トヨタがSA型乗用車完成、及びSB型トラックを発売
	10月	たま号、日比谷野外音楽堂にて発表展示会開催（→P.24）	12月	運輸省令で小型車排気量1500ccに
1948	3月	商工省主催第1回電気自動車性能試験開催（→P.25）	5月	トヨタSC型乗用車生産開始（1000cc）
	6月	資本金200万円に増資（→P.28）	9月	商工省主催第1回小型乗用車性能試験（→P.26）
	6月	たまジュニア完成（→P.31）		
	9月	たまセニア（EMS-48）完成（→P.32）		
	10月	第2回電気自動車性能試験（小田原）		
1949	2月	新宿区市ヶ谷に営業所設置（→P.35）	10月	GHQ乗用車生産制限解除
	2月	たまジュニア、モデルチェンジ（→P.34）	11月	トヨタトヨペットSD型乗用車生産開始（1000cc）
	3月	たまセニア、モデルチェンジ（→P.34）		
	4月	東京電気自動車株主に石橋正二郎氏がなる（→P.31）		
	11月	東京電気自動車、たま電気自動車に改称（→P.31）		
	11月	三鷹工場に移転（→P.31）		
1950	7月	富士精密工業として独立（→P.42）	6月	朝鮮戦争勃発（→P.38）
	9月	たまと富士精密、自動車用ガソリンエンジン開発交渉開始（→P.44）	7月	朝鮮戦争で米軍特需が始まる
	11月	たまと富士精密の開発交渉成立（→P.46）	9月	オオタ、PB型セダン発表
1951	4月	石橋正二郎氏が富士精密工業経営権取得、会長就任（→P.47）	5月	代燃車から石油車への転換禁止解除
	5月	たま電気自動車、高速機関工業と提携	10月	トヨペットSF（1000cc）発売
	6月	電気自動車の生産中止（→P.39）		
	10月	富士精密、1500cc直4エンジン完成（→P.64）		
	11月	1500ccエンジン搭載のトラック試作車完成（→P.69）		
	11月	たま電気自動車、たま自動車（株）に改称（→P.81）		
1952	1月	富士精密開発の50ccエンジン搭載「バンビー号」、ブリヂストンチャンネルで販売開始（→P.47）	4月	対日講和条約発効
	2月	ガソリン自動車第1号車ラインオフ（→P.72）	7月	ガソリン統制撤廃
	3月	プリンスセダン及びトラック発表展示会（→P.73）	7月	日野、ルノー4CV乗用車製造契約
	8月	富士登山キャンペーン	10月	通産省、「乗用車関係提携及び組立契約に関する取扱方針」決定
	11月	たま自動車がプリンス自動車工業（株）に改称（→P.81）	12月	日産、英オースチンと国産化契約
1953	3月	三鷹第2工場の用地取得（→P.87）		航空関係事業の再開が許可される
	4月	富士精密がロケットの研究開発に着手（→P.92）	1月	いすゞ、ヒルマン組立製造契約
	8月	プリンス自動車大阪営業所開設（→P.96）	4月	日産、オースチンA40第1号車オフライン
	11月	富士精密とプリンス自動車が合併契約（→P.90）	7月	富士重工業成立
	12月	通産省主催の第1回乗用車性能試験（→P.118）	9月	三菱、米ウイリス社とジープ製造契約
			9月	トヨペットスーパー（R型エンジン）発売
1954	2月	プリンス自動車販売設立（→P.96）	2月	スバルP-1完成
	4月	富士精密とプリンス自動車合併（→P.94）	4月	第1回全日本自動車ショウ開催（→P.95）
	5月	初代スカイラインの開発構想始まる（→P.104）	9月	トヨタSKBトラック発売
	6月	設計開発部門荻窪に集結（→P.93）		
	6月	プリンスセダン皇太子に納入		
	7月	合併倍額増資新資本金13.35億円		
	10月	プリンス自販三田に新社屋完成（→P.96）		

1955	4月	キャブオーバートラックAKTG-1発表（→P.114）	1月	トヨペットクラウンRS及びマスターRR発売
	9月	開発部門強化のため浜松より技術者が移動	1月	ダットサン110型発表
	10月	プリンスセダンデラックス発売	5月	第2回全日本自動車ショー開催
			5月	通産省、国民車育成要綱案発表
1956	1月	自動車第2次設備合理化計画（～57年）（→P.102）	1月	オオタ自動車工業、会社更生法を申請
	3月	プリンスセダンのフロントサスペンション、独立懸架に変更（→P.101）	4月	第3回全日本自動車ショー開催
	4月	第3回自動車ショーに大型車BNSJ発表（→P.125）	7月	トヨエース発売
	5月	スカイライン試作車完成（→P.109）	7月	ヒルマン国産化完了
	7月	富士精密工業株式上場	9月	オースチン国産化完了
	10月	提案審査委員会規定が設定		
	11月	自動・航空・精機の事業部制採用（→P.130）		
	11月	60馬力改良エンジン完成（→P.121）		
1957	3月	三鷹工場テストコース（完成車検査用）完成	5月	第4回全日本自動車ショー開催
	4月	プリンス・スカイラインALSID-1発表会開催（→P.111）	7月	トヨタ、コロナ（初代）発売
	9月	プリンストラックを改良、マイラー発表（→P.113）	9月	ルノー国産化完了
	11月	第2次富士山登坂キャンペーン	10月	ダットサン210型（1000cc）発売
1958	1月	自動車第3次合理化計画（→P.131）	5月	富士重工、スバル360発売
	1月	設計改造推進会議（品質改良・工数低減）設定	10月	第5回全日本自動車ショー開催
	4月	ニューマイラー発売（→P.115）		
	4月	昭和飛行機協力によるトラック第1号車誕生（→P.116）		
	9月	スカイライン2台対米輸出		
	10月	クリッパー発売（→P.115）		
1959	1月	第4次合理化計画作成		岩戸景気
	2月	プリンス・グロリア（BLSIP-1）発売（→P.126）	9月	三菱500発売
	3月	ロス自動車ショーにスカイライン出品	9月	トヨタ、初の乗用車専用元町工場完成
	4月	プリンス・グロリア皇太子に納入	12月	トヨタが年産10万台を達成
	6月	国民車構想によるDPSK型乗用車の試作完成（→P.128）		
	9月	自動車事業所を技術・生産・企画の3本部制に改組（→P.130）		
	10月	プリンス自動車月産2000台ラインを突破		
	10月	70馬力エンジン完成（→P.122）		
1960	2月	スカイラインマイナーチェンジ（→P.113）	1月	自工会、貿易自由化対策委員会設置
	5月	全社事務合理化プロジェクト発足（社長室主管）※稟議決裁方式、設備計画利益計画、経理業務、資材調達	3月	日産がセドリックを発売
	8月	富士精密工業「自動車事業5か年計画」を発表（→P.132）村山乗用車専門工場建設と月産1万台生産体制確立	4月	トヨタ、2代目コロナPT20型発表
	11月	月産3000台ライン突破、期末年産30000台を記録	7月	池田内閣成立、「所得倍増計画」発表
	12月	村山工場整地工事着手（→P.137）	7月	日産がブルーバード310（初代）を発売
	12月	スカイウエイ専門工場など三鷹工場増築工事完成	9月	小型車の容積1500ccから2000ccに引上げ
			10月	トヨタがパブリカ発表
1961	2月	富士精密工業、プリンス自動車工業に改称（→P.136）	3月	トヨタがコロナ1500発売
	3月	村山工場の建設地鎮祭（→P.137）	3月	日野がコンテッサ発売
	3月	10万台目のプリンスの自動車がラインオフ（→P.136）	4月	トラック・バス及び自動車部品の貿易自由化
	4月	プリンス自動車とミュージックショー開催	5月	通産省が自動車工業の3グループ化構想発表
	6月	2代目スカイライン試作1号車完成（→P.163）	5月	日本道路公団、建設中の名神高速道路で走行試験実施（→P.151）
	7月	IBM機械導入稼働開始	6月	トヨタ・パブリカ発売
	8月	グロリアがリエージュ・ソフィア・リエージュラリーに出場（翌62年も出場、ともにリタイア）	10月	いすゞが乗用車ベレルを発売
	9月	小松氏社長就任、団伊能社長退任（→P.137）		
	12月	浜松工場、「リズムフレンド製造」として分離独立（→P.132）		
1962	3月	村山工場の主要工場完成（→P.139）	3月	日産の追浜工場が竣工
	4月	スカイラインスポーツ発売（→P.167）	9月	車庫規制法施行
	5月	プリンス・スーパークリッパー発売	9月	通産省、乗用車の自由化目標時期を1964年末とし、合併の促進強化を図ると発表
	9月	プリンス・グロリア（S40D）発売（→P.148）	10月	トヨタ、2代目クラウン発売
	9月	プリンス自販新本社ビル完成（→P.148）		
	10月	村山工場第1期工事完成竣工式（→P.139）		

1963	3月	新車の新保証制度を採用（1ヵ年2万キロ）	5月	第1回日本グランプリレース開催（鈴鹿）（→P.170）
	5月	村山テストコースのうち周回路完成（→P.140）	5月	高速道路調査の高速道路の車両テスト開催
	6月	G7型エンジン搭載のプリンスグロリアスーパー6（S41D）発売（→P.159）	6月	いすゞが四輪独立懸架のベレット発表
			7月	名神高速道路、東京−尼崎間開通
	8月	小川秀彦氏自工社長就任、新山氏自販社長就任（→P.191）	9月	日産がブルーバードをモデルチェンジ（410型）
	9月	スカイライン1500デラックス（S50D-1）発表（→P.166）	10月	マツダがロータリーエンジン初公開
	10月	プリンス1900スプリント（R52）完成（→P.169）		
1964	3月	スカイラインGT発表	3月	ホンダ、スポーツS600発表
	4月25日	昭和飛行機プリンス・トラック10万台突破（生産）	5月	第2回日本グランプリレース開催（鈴鹿）（→P.178）
	5月	スカイラインGT発売（→P.181）	7月	三菱デボネア発売
	5月	グランドグロリア（S54A-1）発売（→P.160）	7月	ホンダがF1レース参戦
	8月	スカイラインの村山工場1号車完成（→P.139）	9月	トヨタがコロナRT40型発売（月産台数4万台を突破）
	9月	ホーマー（T640）発表（→P.115）	9月	東洋工業がファミリアを発売
	9月	プリンスR380開発スタート（→P.184）	10月	日本自動車高速試験場開設
	10月	すべてのエンジンが村山工場生産となる（→P.140）	10月	東京オリンピック開催
	11月	月産10000台の生産体制となる		
	11月	ガソリン自動車累計生産台数30万台突破		
	11月	半額増資完了、資本金120.15億円（→P.132）		
1965	2月	スカイライン2000GT-B発売（→P.182）	2月	トヨタスポーツ800発売
	5月	村山テストコース完成（→P.140）	6月	名神高速道路、全面開通
	5月	日産とプリンス合併覚書調印（→P.190）	7月	全日本自動車クラブ選手権レース大会開催（船橋）
	6月	日産・プリンス合併を発表（→P.190）	10月	完成自動車の輸入自由化を実施（→P.155）
	6月	技術開発部門・航空部門の組織改正（→P.198）	11月	いざなぎ景気始まる
	7月	プリンスR380完成（→P.187）		
	9月	スカイライン2000GT-A発売（→P.183）		
	9月	御料車の開発スタート（→P.199）		
	10月	R380のスピード記録大会で国際記録を樹立（→P.187）		
	12月	プリンスガソリン車40万台生産達成		
1966	4月	クリッパー発売	1月	カリフォルニア州で排気規制開始
	4月	新型ライトコーチ発売（T65系）	4月	2000cc以下の乗用車の物品税を引下げ
	8月	プリンス自動車工業と日産自動車合併（→P.197）	5月	第3回日本グランプリレース開催（富士）（→P.188）
			9月	排気ガス規制始まる
			9月	トヨタ、カローラを発売
			10月	トヨタが日野自動車と業務提携
1967	2月	ニッサンプリンスロイヤル宮内庁に納入（→P.202）	5月	マツダがロータリーエンジン搭載車コスモスポーツ発売
	5月	ニッサンR380、第4回日本グランプリレースに参戦（→P.209）	5月	第4回日本グランプリレース開催（→P.209）
	4月	ニッサングロリア（A30）発売（→P.203）	8月	公害対策基本法施行
	6月	スカイライン1500（G15エンジン搭載）	11月	トヨタがダイハツ工業と業務提携
	8月	スカイライン2000GT-B発売	12月	中央高速道路、調布−八王子間開通
	10月	グロリアスーパー6発売（→P.203）	12月	自動車生産300万台突破、世界第2位となる
	10月	R380-Ⅱ、国際スピード記録に挑戦		
1968	4月	ローレルC30発売（G18エンジン搭載）（→P.205）	5月	第5回日本グランプリレース開催
	5月	ニッサンR381がグランプリレース優勝（→P.210）	10月	富士重工業、日産と業務提携
	7月	スカイラインC10発売（G15エンジン搭載）		
	10月	スカイライン2000GT発表（→P.206）		
1969	2月	スカイラインGT-R発表（→P.207）	10月	第6回日本グランプリレース開催
	4月	ジェットルーム開発に大河内記念生産賞受賞	12月	トヨタが年間100万台販売を達成
	5月	JAFグランプリレースにスカイラインGTRデビュー		
	8月	スカイライン1800（PC10、G18エンジン搭載）		
	10月	第6回日本GPにてR382優勝（→P.213）		
	10月	ニッサングロリア改良型発売（L20エンジン）		

あとがき

　1981年に日産テクニカルセンター（NTC）が神奈川県の厚木にできたことによって、車両開発などの部門は、すべて統合されることになった。それまでプリンス系は荻窪を本拠にしていたが、NTCの完成によって、日産との融合が図られることになり、それまでとは異なる環境で開発にいそしむことになった。日産に合併されてからも、プリンス自動車のムードを残した荻窪にいた開発部門の人たちも移転することになり、人によっては厚木のNTCに通える地域に引っ越しをしなくてはならなかった。

　このころになると、プリンス自動車時代を知る人たちは少数派になり、最初から日産にはいった人たちが増えてきていた。何時までもプリンスとか日産とかいっている時代ではなくなったということでもある。

　日産との合併により、プリンスの技術者たちは、それまで培った技術力で日産のイメージアップにいろいろと貢献している。その最たるものが1960年代の日本グランプリレースでの活躍であろう。ついにトヨタにいいところなく終わらせたのだから、スポーツなどの高性能に関してはトヨタより日産のほうが優れているという印象を植え付けた効果は大きかったはずである。つづく1970年代は、排気規制に翻弄された時代で、エンジンに関するプリンスの総合的な技術力が日産を大いに助けたといえる。化学や電子工学などの幅広い知識を動員しなくてはならなかったからである。

　いっぽうで、日産内部では、対トヨタというより、対プリンスという意識でライバル視することが、車両開発に影響を与えたところもあった。

　15章で紹介したスカイラインが1972年にモデルチェンジされて、いわゆる「ケンとメリー」のスカイラインとなったが、この開発では販売成績を上げようとして性能よりも商品化に力を注いだことが功を奏して、歴代スカイラインのなかでもっとも成功したモデルとなった。プリンスの意地を見せたものでもあったが、直列6気筒エンジンを搭載するロングノーズのスカイラインは、オーナーカーとしての高級感を売り物にして販売を伸ばした。

　これに刺激されて、直列4気筒エンジンを搭載するのが基本だったブルーバードにも、6気筒エンジンを搭載したノーズの長いブルーバードが登場したのである。

プリンス自動車と合併していなければ、このようなクルマはできなかったに違いない。また、1970年代の日産車の低迷がトヨタとの差を広げる要因になったなかで、プリンス自動車から誕生したブランドのスカイラインの健闘が光ったのである。荻窪で開発されることになったローレルとともに、スカイライン連合軍は、トヨタのマークⅡとその姉妹車に対して優位を保つ数少ない車種だった。1980年代に入って、マークⅡ/チェイサー/クレスタに優位を奪われたことがトヨタとの差を決定的にしたが、この時代になると開発陣というより経営者の違いが反映したものといわざるを得ないだろう。

　1989年にモデルチェンジされたR32型スカイラインのなかにGT-Rが10数年ぶりに復活し、その高性能ぶりを発揮して久しぶりに存在感を示した。しかし、一瞬の光を放った後に、プリンス自動車のイメージは消えたように見える。すでに日産との合併から長い年月がたち、いまやプリンス自動車時代からの従業員は、定年を迎えて日産のなかにいなくなり、プリンス自動車そのものが歴史のなかに消えていったといえるかもしれない。だが、その足跡は長く後世に語り継がれてゆくだろう。

参考文献

・プリンス自動車工業社史　日産自動車荻窪総務部
・愛の車と販売網を育てた記録・日産プリンス自販三〇年の歩み　　日産プリンス自動車販売
・プリンスのあゆみ　プリンス自動車販売　販売促進部
・日産自動車開発の歴史(上)　プリンス自動車工業編　編集「日産自動車開発の歴史」編集委員
　　　　　　　　　　　　　会、発行「説の会」
・プリンスの思い出　日産プリンス睦会編
・プリンス荻窪の思い出　荻友会編
・想いの広場　村山工場四十年の足跡　日産自動車(株)村山工場発行
・日産自動車30年史(1933〜1963年)　日産自動車総務部編
・日産自動車社史(1964〜1973年)　社史編纂委員会編
・私の歩んだ道　石橋正二郎
・回想録　石橋正二郎
・技術者魂──栄光の歴史を明日へ　中川良一　　日刊自動車新聞社
・エンジン設計のキーポイント探求　岡本和理
・自動車用エンジンの性能と歴史　岡本和理　　グランプリ出版
・クルマ・ハードスカG　桜井真一郎・岡崎宏司　　グランプリ出版
・初代スカイラインGTR戦闘力向上の軌跡　青地康雄　　グランプリ出版
・自動車史料シリーズ・日本自動車工業史座談会記録集　　自動車工業振興会
・日本の自動車工業　年度版　通商産業研究社
・日本の自動車産業　年度版　経済評論社
・自動車工業資料月報・自動車統計月報　　自動車工業振興会
・自動車統計年表　自動車工業会
・創造限りなく──トヨタ自動車50年史　　トヨタ自動車社史編纂委員会
・東洋工業50年史　東洋工業編
・日本における自動車の世紀　桂木洋二　　グランプリ出版
・スカイライン伝説の誕生　桂木洋二　　グランプリ出版
・モーターファン誌　バックナンバー　三栄書房
・カーグラフィック誌　バックナンバー　　二玄社

プリンス自動車工業正門

プリンスの栄光

R380スピード記録会(昭和40年10月6日)

プリンスR380は6つの国際記録を樹立

プリンス自動車が国際記録に挑戦したことに関して、田中次郎先生が書き
残された『プリンス荻窪の思い出－Ⅱ』1997年11月16日発行から原文のま
ま一部引用して、下記にプリンスR380に関する情報を資料としてまとめた。

"昭和39年5月に第二回日本グランプリのレースが終わると、小生(編
集部注：田中次郎先生)と榊原雄二君はアメリカ二世の松永正義氏を伴
い、ダンロップレーシングタイヤとウエーバーの気化器1,500個購入交渉
にヨーロッパを訪問した。英国ではダンロップ、ロータス、コスワースと
ブラバムを訪れてレースの部品を調査した。その際にブラバムの工場の
一隅にBT-8というプロトタイプのスポーツカーが有った。調べてみると
何とかG7エンジンが搭載できそうなので、この車とフォーミュラーカー
を購入することとした。このBT-8を大巾に新造したのがR380である。こ
の車はレースを担当するようになった桜井眞一郎君の努力によるもので
ある。そして40年10月と42年10月の二回に渉り国際スピード記録に挑戦
したのである。この時のエンジンは、GR8、24バルブ、1966ccである。"

区間距離	所要時間	平均速度	以前の記録
50km	11'42.88"	256.09km/h	230.51km/h
50miles	18'54.38"	255.37km/h	237.21km/h
100km	23'33.60"	254.67km/h	239.35km/h
100miles	38'15.09"	252.44km/h	229.36km/h
200km	47'37.20"	251.99km/h	229.18km/h
200miles	76'52.35"	251.22km/h	228.54km/h

R380の谷田部国際コースでの国際記録

増補二訂版の編集にあたって

【プリンス自動車の思い出】

最初に個人的なことを記すことをお許しいただきたい。私はプリンス自動車（旧中島飛行機発動機工場）の裏手にある杉並区の荻窪病院で生まれました。「荻窪病院は、旧中島飛行機の発動機工場の時代には軍関係の病院であり、プリンス時代には、工場でケガなどした人たちがお世話になった病院だった」とプリンス自動車の技術系の責任者を長く務められた田中次郎先生に教えられました。

プリンス自動車直営の中古車販売店の先に小学校がある関係で、グロリアやスカイラインなどの中古車を目にしながら通学しており、特に二代目のグロリアは他の日本車と比べて、堂々として立派なデザインが大好きでした。当然、自宅の近くにもプリンスに勤めている人や、中島飛行機時代に働いていた人も町内にたくさん住んでおり、プリンス自動車はとても身近な自動車メーカーだったのです。私が幼少期のころに初めて自動車の新車の納車式を見たのは、今思えばプリンススカイライン1500（1960年頃）でした。当時自家用の自動車はまだ非常に少なくて、納車の際には必ずと言って良いほど町内の人たちが集まってきていましたが、そのぐらい新車の納車はとても珍しかったのでしょう。

そして本文にもある、昭和41年（1966年）の日産自動車との合併時は小学生でしたが、毎日通るプリンスの中古車店の従業員の人から「これからプリンス自動車はさらに大きな会社になるから……」と言われて、地元の誇りでもあったプリンス自動車が、これからさらなる発展することに大きな期待を抱いたことを覚えています。

【本書の復刊について】

プリンス自動車は、本書に詳しくあるように日本の自動車業界の先駆者というべき存在でしたがその足跡は、残念ながら日産自動車と合併した関係で関係者の一部の方の証言や、プリンス自動車の社内でまとめられた資料など以外には、ほとんど残されていませんでした。しかし、2003年に刊行された『プリンス自動車の光芒』には、今でも人気の高いスカイラインのルーツや、海外のデザイナーと提携による新型車の開発、1960年代の日本国内レースでの活躍などについて克明に書かれていたのです。

2021年には「プリンス自動車工業」に改称されてから60周年を迎えることになりますが、半世紀以上を経過したことで人々の記憶から薄れてきてしまうことないように、弊社では、品切れ状態であった『プリンス自動車の光芒』の内容を充実させて増補二訂版として刊行することを決定しました。

幸いにして著者の桂木洋二氏から、プリンス自動車の創業時からその後の発展に深く関与された田中次郎先生が、本書の内容を高く評価されたこと、さらに田中次郎先生が自ら修正を加えた「校正原本」を保管していることを教えていただきました。

【編集にあたって】

増補二訂版の編集の際には、この田中次郎先生が生前に本文の内容を精査され、書き加えてくださった「校正原本」にある修正点を全て反映することからスタートしました。また、同じく田中次郎先生が保管されていた当時の写真を適所に収録しています。

加えて初版『プリンス自動車の光芒』には無かった口絵を追加しました。この口絵の写真は、本書にも登場する中川良一先生が保管されていた写真から選択しました。写真解説は、中川良一先生が残されたメモをベースにして作成しています。尚、口絵写真の掲載にあたっては、中川良一先生のご子息である中川脩一様のご厚意及びご了解により実現しました。タイトルは『プリンス自動車の光芒 1945-1969』と年号を追加し、書かれているその年代をより明確にすることに配慮しました。

今回の第二訂版においては、本文中で手直しを加えた部分は、250ヵ所を超えていますので、より正確になり、内容面でもさらに充実を図ることができたと考えています。

【プリンス自動車工業の跡地】

2021年4月、プリンス自動車の跡地は、日産自動車の販売店と商業施設、大型マンション、近隣の区民の災害避難場所もかねた公園などになっています。かつて「プリンス自動車工業」がここに存在したことを示すものは非常に僅かですが、現在の様子と共に敷地内にある2つの記念碑やプレートなどを最後に紹介し、本書の締めとしたいと思います。

増補二訂版　編集担当　小林謙一

日産自動車の販売店である「日産プリンス東京」。プリンスの名称が残るディーラー名である。

隣接する商業施設の一部。

この土地を売却した日産自動車の「公共性の高い跡地利用を望む」という意向を尊重した杉並区は、この「桃井原っぱ公園」を災害時には周辺の避難拠点となるように決定したと記載されていた。中央部分は、ヘリコプターの着陸も可能。

プリンス自動車、後の日産自動車時代から伐採されず残されたと思われる樹木。この保護樹木のプレートには「平成27年5月21日指定／樹木名はメタセコイヤ」とある。

道を挟んで建つ、かつて中島飛行機やプリンス自動車の工員なども通院したという「医療法人財団　荻窪病院」。1933年（昭和8年）12月に開設され、1994年（平成6年）に現在の7階建て病院棟竣工。

中島飛行機の発動機（エンジン）の発祥の地であった
ことを示す記念碑。昭和六十二年十二月十日建立。

日本における最初のロケット開発の地としてその概要が
書かれたプレートと中央のガラス部内には第1号となった
「ペンシルロケット」が収められている。

この石碑の裏面には、「旧富士精密工業、旧プリンス自動車工業、
日産自動車 宇宙航空事業部の有志一同　平成十三年十一
月建立」の文字が彫られている。

〈著者紹介〉

桂木洋二 (かつらぎ・ようじ)

1945年東京生まれ。1960年代から自動車雑誌の編集に携わる。1980年に独立。それ以降、車両開発や技術開発および自動車の歴史に関する書籍の執筆に従事。そのあいだに多くの関係者のインタビューを実施するとともに関連資料の渉猟につとめる。主な著書に『欧米日・自動車メーカー興亡史』『日本における自動車の世紀　トヨタと日産を中心に』『企業風土とクルマ　歴史検証の試み』『スバル360開発物語　てんとう虫が走った日』『初代クラウン開発物語』『歴史のなかの中島飛行機』『ダットサン510と240Z　ブルーバードとフェアレディZの開発と海外ラリー挑戦の軌跡』（いずれもグランプリ出版）などがある。

プリンス自動車の光芒　1945-1969		
著　　者	**桂木洋二**	
発行者	**山田国光**	
発行所	**株式会社グランプリ出版**	
	〒101-0051　東京都千代田区神田神保町1-32 電話 03-3295-0005㈹　FAX 03-3291-4418 振替 00160-2-14691	
印刷・製本	モリモト印刷株式会社	

　この社章は　Prince Motor　のイニシ
ャルPとMを図案化したものです。Pを
中心にしてMでふちどりしています。M
をハート模様にしたのは、いつも胸に
"プリンススピリット"を！という意味
もふくまれています。

『プリンスのあゆみ』(昭和40年3月1日)
プリンス自動車販売株式会社発行用より転載